Ein Buch aus der Reihe

Management konkret

Andreas Bode

Das kreative Unternehmen

Management konkret

UVK Verlagsgesellschaft mbH
Konstanz und München

Bibliografische Information der Deutschen Bibliothek
Die Deutsche Bibliothek verzeichnet diese Publikation in der Deutschen Nationalbibliografie; detaillierte bibliografische Daten sind im Internet über <http://dnb.ddb.de> abrufbar.

ISBN 978-3-86764-563-8

Einbandgestaltung: Susanne Fuellhaas, Konstanz
Einbandmotiv: xefstock, iStockphoto.com

UVK Verlagsgesellschaft mbH
Schützenstraße 24 · 78462 Konstanz
Tel. 07531-9053-0 · Fax 07531-9053-98
www.uvk.de

Das kreative Unternehmen als Zukunftsmodell für unsere Wirtschaft

Die Herausforderungen der Zukunft können nur mit gelebter Kreativität erfolgreich bewältigt werden.

Dieses Buch vermittelt fundiert und praxisnah, wie Sie durch kreatives Unternehmertum noch erfolgreicher werden. Zuerst wird die Bedeutung des kreativen Unternehmertums anschaulich dargelegt. Es folgt die Kreativität in Grundlagen, in kreativen, praxisnahen Bausteinen bis zur Umsetzung. Ideenfindung und Innovationen fließen genauso ein wie die zukunftsträchtige Betrachtung der kreativen Klasse. Die Kreativwirtschaft wird dann ausführlich und praxisnah erläutert.

Die Learnings werden danach auf andere Branchen erfolgreich und praxisnah übertragen. Konkrete Handlungsempfehlungen, Best Practice und ein interessantes Gründerkapitel für die Kreativwirtschaft schaffen hohen Nutzwert. Ein Glossar und ein Serviceteil mit Kreativitätstechniken, konkretem kreativen Unternehmertum, Partnerschaften, Premium Service Adressen, Literatur und Linkliste runden das Buch ab.

Mein besonderer Dank gilt allen kreativen Unternehmern und Unternehmen der Kreativwirtschaft für ihre konstruktive und zukunftsweisende Zusammenarbeit.

Jeder Beratungstag hat auch mir neue Anregungen und Wissen gebracht, in einem Themenbereich, in dem man niemals auslernt. Ich danke dem UVK für das entgegengebrachte Vertrauen und die engagierte Unterstützung. Danke all meinen Netzwerkpartnern für ihr extensives Praxiswissen, welches es mir ermöglicht, meinen Mandanten auch in schwierigsten Situationen deutschlandweit hilfreich zur Seite zu stehen.

Danke an meine Familie für die starke Unterstützung. Unsere Kinder und alle Kinder in Deutschland und der Welt haben eine lebenswerte Zukunft verdient, in der wirtschaftliche Stärke, eine ausreichende Anzahl an Arbeitsplätzen und eine lebenswerte Umwelt vereint sind. Kreative Unternehmer und Existenzgründer leisten dafür engagiert einen wesentlichen Beitrag Tag für Tag und Nacht für Nacht.

Andreas Bode

Business Angel Kreativwirtschaft

Inhaber www.unternehmen-kreativwirtschaft.de

Hochschuldozent für Entrepreneurship

BQZ zertifizierter Gründercoach und Unternehmensberater

Innovationsmanagement – Gründercoach – Unternehmensberater – Interim Manager

In diesem Buch wird keine sprachliche Differenzierung der Begriffe Unternehmer und Unternehmerin sowie Gründer und Gründerin vorgenommen. Vielmehr werden diese als Synonym betrachtet. Die Anwendung der männlichen Wortform der verwendeten Begriffe dient allein einem verbesserten Lesefluss.

Inhalt

Vorwort 5

1 Kreatives Unternehmertum 9

1.1 Das Erkennen und Ergreifen von Marktchancen 9

1.2 Die Umsetzung dieser Möglichkeiten in neuen Unternehmen 11

1.3 Der koordinierte Einsatz von Ressourcen 13

1.4 Das Streben nach nachhaltigen Gewinnen 15

1.5 Die kalkulierte Übernahme von Risiken 18

2 Kreativität 21

2.1 Grundlegende psychische Merkmale 21

2.2 Problemsensitivität: Erkennen, dass und wo ein Problem besteht 23

2.3 Flüssigkeit 24

2.4 Flexibilität 25

2.5 Redefinition 27

2.6 Elaboration 28

2.7 Originalität 30

2.8 Die kreativen Bausteine 31

2.9 Die kreative Person 32

2.10 Der kreative Prozess 34

2.11 Das kreative Produkt 35

2.12 Das kreative Umfeld 37

2.13 Die Idee 38

2.14 Ideenfindung 40

2.15 Innovation 41

2.16 Anforderungen an die Kreativität ... 42
2.17 Die kreative Klasse ... 43
3 Die Kreativwirtschaft ... 46
3.1 Das Wesen der Kreativwirtschaft ... 46
3.2 Die Branchen der Kreativwirtschaft ... 48
3.3 Learnings von der Kreativwirtschaft ... 54
3.4 Die Zukunft der Kreativwirtschaft ... 58
4 Das kreative Unternehmen in allen Branchen erfolgreich umsetzen ... 59
4.1 Voraussetzungen für das kreative Unternehmen ... 59
4.2 Erfolgreiche Implementierung des kreativen Unternehmens ... 61
4.3 Handlungsempfehlungen ... 62
4.4 Best Practice Unternehmenskreativität ... 64
4.5 Existenzgründer von kreativen Unternehmen ... 66
4.6 Fazit: Das kreative Unternehmen ... 69
5 Service ... 71
5.1 Glossar ... 71
5.2 Premium-Service-Adressen ... 72
Index ... 75

1 Kreatives Unternehmertum

1.1 Das Erkennen und Ergreifen von Marktchancen

Hauptgründe für Insolvenzen

- **Ausbleiben neuer Aufträge**

Wenn Aufträge ausbleiben, wird oft der Markt nicht genau genug beobachtet.

Viele Unternehmen sind zu sehr mit sich selbst beschäftigt und haben wenig Zeit und Motivation, den Markt konsequent zu beobachten und auf Aktionen der Wettbewerber angemessen und schnell zu reagieren. Viele resignieren auch, weil sie keine kreativen Konzepte haben, um erstarkten Wettbewerbern mit Kreativität wieder Kunden abzujagen.

- **Starres Festhalten an alten Konzepten**

Der Mensch ist ein Gewohnheitstier und es fällt ihm schwer, Gewohnheiten nachhaltig zu ändern.

Gewohnheiten waren bisher meistens erfolgreich und haben die Firma da hingebracht, wo sie heute steht. Es sprechen trotzdem zwei wesentliche Gründe gegen die Beibehaltung alter Gewohnheiten:

1. Man weiß nicht, ob andere Konzepte und Maßnahmen nicht auch zum Erfolg geführt hätten oder noch erfolgreicher wären.

2. Die erfolgreichen Konzepte und Maßnahmen sind nicht unverändert auf die Zukunft übertragbar. Dies gilt immer mehr, weil sich der Markt und der Wettbewerb immer schneller verändern. Die Kunden werden außerdem immer sprunghafter und wechselwilliger.

Dies sind gute Argumente, den inneren Schweinehund zu überwinden und aus Gewohnheiten auszubrechen. Nicht jede Gewohnheit muss abgelegt werden, aber jede Gewohnheit sollte kritisch überprüft werden.

Keine Strategieüberlegungen

Viele Firmen sind so stark mit ihrem Tagesgeschäft beschäftigt, dass sie keine nachhaltige und zukunftsgerichtete Strategie haben. Eine gute Strategie ist aber eine wesentliche Voraussetzung für nachhaltigen Geschäftserfolg. Zieldefinitionen sind die Voraussetzungen für die Messung von Erfolg.

Gute Strategien sind nur mit Kreativität möglich.

Kurzfristiges, gewinnorientiertes Handeln und das Schielen auf Quartalsergebnisse behindern oft die Implementierung nachhaltiger Strategien. Dieser Effekt ist leider auch schon oft bei Firmengründern zu sehen. Sie müssen aber im besonderen Maße eine Vision und eine Strategie haben und diese konsequent umsetzen, weil bei ihnen das ganze Geschäft noch neu und damit anfälliger als bei etablierten Unternehmen ist.

Unzureichende interne Kommunikation

Ausreichende und offene Kommunikation sind die Grundvoraussetzungen für eine erfolgreiche Firmenführung. Diese Voraussetzungen liegen leider bei vielen Firmen nicht vor.

Wo Vertrauen fehlt, ist grundsätzlich keine offene, vertrauensvolle Kommunikation möglich. Jeder Firmenverkauf, jede Firmenfusion und jede unsichere Beschäftigungslage untergräbt das notwendige Grundvertrauen in die Firma und die Kollegen. Durch mangelnde offene Kommunikation entsteht vielen Firmen ein immenser Schaden, der in allen Überlegungen bezüglich Kosteneinsparungen durch Zusammenlegungen, Fusionen und Firmenverkäufe nicht ausreichend finanziell bewertet ist. Dazu kommt, dass die guten Mitarbeiter bei mangelhaftem Vertrauen und Perspektivlosigkeit ihren Arbeitgeber verlassen und oft ein eigenes Konkurrenzunternehmen gründen, in dem sie vieles besser machen.

Viele Firmenstrukturen, besonders in sehr großen Firmen, erschweren eine offene Kommunikation. Es gibt Unsicherheiten bei Zuständigkeiten, und aufgrund starker operativer Belastungen werden gute kreative Beiträge oft nicht wahrgenommen oder nicht weiterverfolgt.

Konkurrenzkampf unter Kollegen, starre Hierarchien und Autokratismus von Vorgesetzten erschweren außerdem zusätzlich eine gute Kommunikation.

1.2 Die Umsetzung dieser Möglichkeiten in neuen Unternehmen

Einflussfaktoren der Kreativität

Freie Handlungs- und Gestaltungsspielräume

Wer stark reglementierte, stumpfsinnige und monotone Arbeiten verrichten muss, kann seine natürliche Kreativität nicht nennenswert entfalten. In vielen Firmen gibt es Überreglementierungen und Betriebsanweisungen, die auch jede natürliche Kreativität behindern. Angestellte mit großem freiem Handlungsspielraum hingegen haben mehr kreative Ideen, weil sie die Freiheit haben, sich zu entfalten.

Herausfordernde Aufgaben

Man wächst mit seinen Aufgaben. Große Herausforderungen erfordern überdies besonders kreative Lösungen. Sie sind deshalb eine gute Motivation, kreativ zu sein. Die Umsetzung der eigenen kreativen Ideen ist umso schöner und befriedigender, je größer die Aufgabe ist und damit der direkte Nutzen der kreativen Idee.

Abwechslungsreiche Tätigkeiten

Abwechslung erweitert den Horizont und fördert durch die unterschiedlichen Aufgaben und damit verbundenen unterschiedlichen Blickwinkel sehr stark die Kreativität. Erfahrung ist ein wesentlicher Faktor, um starke Kreativität zu erreichen. Erfahrung ergibt sich im Besonderen durch abwechslungsreiche Tätigkeiten.

Anerkennung und Lob für Leistungen

Anerkennung und Lob motivieren Mitarbeiter. Dies ist besonders wichtig bei kreativen Prozessen, weil es hier sehr viele Hindernisse gibt, kreative Ideen nachhaltig umzusetzen. Da braucht man sehr viel Motivation, um sich kreativ einzubringen.

Die Möglichkeit, punktuelle Hilfe und Unterstützung in Anspruch zu nehmen

Die heutige Arbeitswelt ist hochspezialisiert, und deshalb ist es für jede kreative Entwicklung sehr wichtig, auch Hilfe aus benachbarten Disziplinen zu erhalten. Aber auch in der gleichen Abteilung tuen Unterstützung und besonders eine positiv gestimmte Betrachtung der kreativen Ideen durch Dritte gut.

Gesprächspartner/Gehör finden

Gesprächspartner als Sparringspartner für kreative Ideen zu gewinnen, ist sehr hilfreich. Es ist wichtig, dass die Gesprächspartner die kreativen Ideen nicht gleich im Keim ersticken und sich mit Kritik vorerst zurückhalten. Durch sie können aber die kreativen Ideen auf Plausibilität überprüft und neuer kreativer Input gegeben werden.

Vielseitige Informationsangebote

Sie sind sehr wichtig für kreative Ideen und deren erfolgreiche Umsetzung. Vielseitige Informationen zählen ebenfalls zur Erfahrung, die kreativitätsfördernd ist. Ein dadurch veränderter Blickwinkel trägt auch oft zur Verbesserung einer Idee bei.

Angstfreie Atmosphäre

Jeder, der Kinder hat, kann bestätigen, dass Kleinkinder, die noch keine Angst vor Fehlern kennen, sehr kreativ und experimentierfreudig sind. In der Schule, wo Disziplin und strengere Regeln als im Kindergarten gelten, nimmt die Kreativität häufig zunächst in den unteren Klassen ab, bevor sie sich dann später wieder weiterentwickelt.

In Firmen mit sehr hierarchischer Struktur fehlt leider oft eine angstfreie Atmosphäre. Wenn sich ein Chef als der schlaueste und beste Mitarbeiter fühlt, geht viel Kreativität der anderen Mitarbeiter verloren. Sie trauen sich nicht, ihre Ideen vorzutragen. Wenn der Informationsstand durch mangelnde Informationspolitik nicht ausreichend ist, wird dieser negative Effekt noch verstärkt.

1.3 Der koordinierte Einsatz von Ressourcen

Verfügbarkeit der erforderlichen Ressourcen

Kreative Ideen sollten idealerweise erfolgreich umgesetzt werden. Dazu braucht man alle erforderlichen Ressourcen. Es muss eine Struktur geben, wie Ideen gesammelt und kommuniziert werden. Zeitliche Rahmen innerhalb der Arbeitszeit müssen geschaffen werden. Kreative Ideen entstehen auch sehr gut außerhalb der Arbeitszeit und fern des Arbeitsplatzes. Dazu müssen die Mitarbeiter aber sehr motiviert sein, der Arbeitgeber fair und transparent, und es muss eine Infrastruktur geben, wie diese Ideen aufgefangen, bearbeitet und umgesetzt werden. Einige Firmen bieten ihren Mitarbeitern kostenlose Sportmöglichkeiten, kleine Feiern oder Stammtische, um systematisch Ideen zu sammeln. Heimarbeitsplätze sind auch eine gute Möglichkeit, um die Kreativität der Mitarbeiter zu fördern.

> Der Arbeitsalltag in vielen Firmen ist immer noch durch folgende Verhaltensmuster gekennzeichnet:

1. Konzentriere dich auf deine Arbeit

Diese Forderung ist effizient, aber nicht kreativitätsfördernd. Es ist wichtig, ein vernünftiges Mittelmaß zwischen Effizienz und Kreativität zu finden.

2. Denke an deine Aufgaben

ist ähnlich zu bewerten. Es wird nur schwierig, wenn in Firmen diese Aufgaben so eng gesehen werden, dass es für Kunden keine Zuständigkeiten und damit keine Hilfe bei Problemlösungen gibt. Dies ist eine Mentalität, wie man sie leider von manchen Ämtern kennt. Große Firmen, die mit mittelmäßigen Callcentern arbeiten, haben immer wieder Kundenanfragen, die durch ihr grobes organisatorisches Raster fallen und nicht bearbeitet werden können. Für die Entwicklung kreativer Ideen und Lösungen ist diese Organisationsform nicht ideal. Es ist gut, wenn alle Abteilungen eines Unternehmens in kreative Prozesse eingebunden sind.

3. Mache keine Fehler – sie kosten Zeit und Geld

Betriebswirtschaftlich ist dies nachvollziehbar. Dieser Grundsatz fördert aber nicht die Kreativität, weil aus Fehlern gelernt wird und dadurch neue kreative Lösungen entstehen. Diese Lösungen können langfristig mehr Geld sparen, als die Fehler kosten, oder helfen, Geld zu verdienen. Die richtige Mischung macht es aus. Für Geschäftspartner mit neuen Ideen ist eine zögerliche, ängstliche Fehlervermeidungsstrategie nicht gut, wenn sie Neues ausprobieren möchten. Sie werden sich dann eher andere, mutigere und kreativere Partner suchen. Für Kunden ist dieser Grundsatz ebenfalls nicht von Vorteil. Denn dieses Verhalten kann ja auch bedeuten, dass Reparaturen aus Angst vor Fehlern nicht gemacht werden oder auf neue, unbekannte Kundenwünsche nicht eingegangen wird. Unzufriedene Kunden wandern oftmals zur Konkurrenz ab. Dies heißt alles nicht, dass auf dem Rücken der Partner oder Kunden experimentiert werden soll; es muss aber Raum für Neues geschaffen werden. Man kann die Partner und Kunden ja darauf hinweisen, dass bei neuartigen Leistungen Fehler passieren können und findet dafür dann sicherlich auch eine faire Lösung. Wenn jeder Arzt panische Angst vor Fehlern hätte, gäbe es keinen medizinischen Fortschritt.

4. Innovationskiller – Das haben wir schon immer so gemacht

Diese Killerphrase kann man rhetorisch leicht knacken. Das dahinterliegende Gedankengut ist die stärkste und gefährlichste Bremse der Kreativität. Mit so einer Einstellung werden kreative Gedanken gar nicht erst zugelassen und gestartet. Es ist jeder Firma nur zu empfehlen, regelmäßig alle Betriebsabläufe und alle Aktivitäten bezüglich Kunden und Partnern zu analysieren und zu überdenken. Wir leben in einer hektischen, sich ständig verändernden Welt. Das heißt nicht, dass immer alles Bewährte geändert werden muss. Wenn man aber regelmäßig überprüft, kann man sicherer sein, gut und kreativ für die Zukunft gerüstet zu sein. Änderungen bedeuten dabei wichtige Verbesserungen. Elemente, die beibehalten werden, erfahren durch die Überprüfung eine aktualisierte Daseinsberechtigung.

5. Rede nur so viel wie nötig

Zielgerichtete Kommunikation und Respekt vor dem Zeitmangel der Kunden und der Partner sind sehr wichtig. Durch Kommunikation über Themen außerhalb des direkten Gesprächsthemas werden aber häufig neue Einsichten, kreative Möglichkeiten und konkrete neue Geschäfte generiert. Es ist daher oft keine Zeitverschwendung, mehr zur reden, als unbedingt erforderlich.

6. Kritik an ersten Ideen

Dies ist leider eine weit verbreitete Unsitte, die kreative Ideen killt. Kein Mensch kann bei der ersten Idee ein fertiges Konzept haben. Wenn dies so wäre, wären viele Diskussionen überflüssig. Es ist daher unfair, auf Anhieb fertige, durchdachte Konzepte zu erwarten. Auf diese Art wurden schon sehr viele Ideen im Anfangsstadium zu Fall gebracht. Die daraus resultierenden Geschäfte haben dann andere Unternehmen gemacht, die ein kreativitätsförderndes Umfeld bereitstellen. Es gibt auch viele Fälle, in denen gute Ideen gar nicht umgesetzt werden konnten. Die Leidtragenden sind die Kunden.

1.4 Das Streben nach nachhaltigen Gewinnen

> Ein Unternehmen ist ein spezieller Betriebstyp in marktwirtschaftlichen Systemen. Es strebt nach Gewinnmaximierung.
>
> Es ist wichtig, diese beiden Grundsätze zu verstehen.

Die daraus resultierenden Organisationsformen geben nicht viel Raum für Kreativität.

Es ist daher essenziell, unter Wahrung der beiden oben genannten Prinzipien trotzdem Kreativität zu ermöglichen. Kreativität ist die Grundvoraussetzung für nachhaltiges Wachstum und nachhaltige

Gewinnmaximierung. Dieser Zusammenhang ist aber vielen Unternehmern nicht klar.

Die Eigenschaft „Kreativität“ ist nicht in den Top Ten. Dies ist problematisch, weil es eine der wichtigsten Eigenschaften für erfolgreiche Unternehmensführung ist. Da die Manager und Geschäftsführer die Umsetzer kreativer Ideen sein müssen, ist es schwierig, wenn Kreativität dort nicht stark ausgeprägt ist.

Im schlimmsten Fall spielt Kreativität in manchen Firmen gar keine Rolle, wenn unkreative Manager „regieren“. Selbst wenn unkreative Manager und Geschäftsführer ihren Mitarbeitern Kreativität ermöglichen, bremsen sie doch zumindest kreative Ideen generell, unter anderem auch weil sie weniger Verständnis für Kreativität haben.

Ein kreativer Manager oder Geschäftsführer kann auf alle Fälle Kreativität in seinem Betrieb erheblich besser umsetzen und sogar selber noch wichtige Impulse geben.

Die Eigenschaft „konservativ“ ist per se nicht schlecht. Es kommt auf die Branche an.

Ein konservativer Manager ist gut beraten, trotzdem seine Abläufe und Geschäftsmodelle regelmäßig zu überprüfen und gegebenenfalls zu ändern. Konservativ sein heißt aber auch, zu bewahren, und kann Kreativität generell ausbremsen.

Analytisch zu sein ist grundsätzlich eine gute Eigenschaft. Es ist empfehlenswert, Kreativität ohne bremsende Analysen zuzulassen. Sobald die kreativen Ideen ausgereift und bereit zur Umsetzung sind, kann Analytik hingegen sogar hilfreich sein.

Organisation bremst Kreativität nur dann, wenn dadurch fach- oder branchenübergreifender kreativer Austausch behindert wird oder Denkblockaden entstehen, durch ein „ich bin nicht zuständig“. Wenn dies nicht gegeben ist, kann eine gute Organisation dabei helfen, kreative Ideen effizient und erfolgreich umzusetzen. Dazu gehören aber auch der Wille und der Mut, eine Organisationsstruktur zu verändern, wenn kreative, neue und zukunftsweisende Geschäftsmodelle dies erfordern.

Belastbar

Belastbarkeit ist eine gute Eigenschaft. In der Praxis wird Belastbarkeit oft im Zusammenhang mit analytischen und organisatorischen Belangen gesehen. Wenn die Belastbarkeit dazu genutzt wird, längere Gespräche, mehr Informationsaufnahme und kontroverse Diskussionen im Sinne einer kreativen Lösungsfindung einzusetzen, ist das sehr gut.

Hart

Härte kann Angst oder Widerstand erzeugen. Im Sinne optimaler Kreativitätsentwicklung sollte sie intern nicht eingesetzt werden. Härte kann nach außen, z. B. bei säumigen Schuldnern oder anderen harten Geschäftspartnern, sinnvoller eingesetzt werden.

Autokratisch

Ein autokratischer Führungsstil behindert Kreativität erheblich. Jede Führungskraft ist deshalb gut beraten, diesen Führungsstil nicht zu pflegen. Ein weiterer Nachteil ist, dass Mitarbeiter dadurch demotiviert werden und bei mangelnder Kontrolle geneigt sind, weniger oder schlechter zu arbeiten. Dies tut dem Unternehmen, dem Chef und den Mitarbeitern nicht gut.

Energisch

Energisches Auftreten ist gut, wenn es um die Verfechtung einer Sache geht. Dies kann z. B. die Durchsetzung einer tollen, kreativen Idee sein, die nach Möglichkeit von vielen im Unternehmen engagiert mitgetragen wird. Energisches Verhalten in kreativen Sitzungen ist hingegen kontraproduktiv. Es kann Angst und damit Kreativ-Blockaden bei Mitarbeitern erzeugen. Bei kreativen Prozessen ist außerdem Meinungsvielfalt gewünscht und nicht energisches Auftreten einzelner Personen.

Würdevoll

Dies ist eine altmodisch anmutende Eigenschaft. Im Sinne von „ein Geschäftsführer stellt etwas dar" ist diese positiv zu bewerten. Wenn würdevoll auch im Sinne von respektvollem Umgang mit den Mitarbeitern verstanden wird, ist dies eine gute Voraussetzung, um kreative Prozesse in allen Abteilungen und Hierarchieebenen umzusetzen.

Loyalität

Loyalität von Managern und Geschäftsführern ist absolute Voraussetzung für eine erfolgreiche und vertrauensvolle Zusammenarbeit. Loyalität bedeutet nicht bedingungsloser Gehorsam oder allem zuzustimmen. Man kann durchaus kritisch sein und kontroverse Meinungen haben. Wenn dies aber alles ausdiskutiert ist, bedeutet Loyalität, zu der Sache und der Firma zu stehen. Loyalität sollte bei den Managereigenschaften einen höheren Stellenwert einnehmen als den 10. Platz. Dies kann aber auch ein Zeichen der Zeit sein, in der Manager und Geschäftsführer häufiger wechseln als früher.

Auf alle Fälle muss Kreativität eine wesentliche Eigenschaft der Manager werden, damit Unternehmensziele langfristig und nachhaltig erreicht werden können.

1.5 Die kalkulierte Übernahme von Risiken

Innovationen sind risikoreich. Unternehmen können sich aber darauf einstellen und versuchen, ihre Risiken zu minimieren.

- **Der technische Fortschritt wird falsch eingeschätzt.**

Ein Praxisbeispiel ist der Apple PowerMac G4 Cube. Dieser Rechner wurde so gebaut, dass auf einen aktiven Lüfter wie beim allerersten Macintosh aus dem Jahre 1984 verzichtet werden konnte. Den Kunden war dieser Nutzen aber nicht wichtig. Sie kritisierten, dass der PowerMac G4 Cube intern kaum erweiterbar war, und dies war ein wesentlicher Grund, warum der Cube wegen schlechter Verkaufszahlen eingestellt wurde.

- **Der technische Fortschritt wird hinsichtlich seiner Relevanz für unterschiedliche Zielgruppen nur unzureichend bewertet.**

Wer kennt noch die TED-Bildplatte, welche im Jahr 1975 in den Handel kam? Technisch war die Bildplatte für damalige Verhältnisse gut, aber sie war sehr empfindlich und hatte eine kurze Spieldauer von zehn Minuten je Plattenseite, sodass man sie bei einem Film 10–12mal wechseln musste. Das Angebot an attraktiven Filmen war außerdem äußerst eingeschränkt. Der Kundennutzen war sehr gering, und deshalb wurde die Bildplatte ein Flop.

- **Rahmenbedingungen für Innovationen ändern bzw. verschlechtern sich.**

Innovationen werden vielfältig staatlich gefördert. Es gibt subventionierte Innovationsberatung, den Innovationszuschuss Wagniskapital und viele andere Programme. Wenn Förderungen eingestellt werden, verschlechtern sich die Rahmenbedingungen für innovative Unternehmen. Auf der anderen Seite gibt es in Wirtschaftskrisen mehr Bedarf an Innovationen. Allerdings ist dann die Finanzierung von Innovationen schwieriger.

- **Innovationen werden unausgereift auf den Markt gebracht.**

„Wir dürfen keine halbgaren Dinge in unsere Flugzeuge packen, wo Probleme dann vorprogrammiert sind“ sagte Tom Enders, der Chef des europäischen Luft- und Raumfahrtkonzerns EADS. Dieses Problem gibt es in allen Branchen und zu allen Zeiten. Es schadet der Innovationsakzeptanz enorm.

- **Kundenanforderungen und Produkteigenschaften passen nicht zusammen.**

Je besser Unternehmen die Wünsche ihrer Kunden kennen, desto größer sind die Chancen, dass ihr Produkt erfolgreich wird. Es ist empfehlenswert, „Over-Engineering“ zu vermeiden. So bemerkte Lothar Späth, ehemaliger Vorsitzender des Vorstands der Jenoptik AG: „Ein guter Ingenieur hasst seinen Kunden. Der Kunde ist für ihn ein Trottel, der immer etwas anderes will, als er für ihn vorgesehen hat. Der amerikanische Ingenieur kommt vom Kunden und sagt: ‚Der Kunde will einen absoluten Schwachsinn, aber er ist zahlungsfähig. Ich habe mich erkundigt.‘ “

Durch soziale Netzwerke und andere Wege der Kundenbefragung haben Unternehmen heute immer bessere Möglichkeiten, die Kundenbedürfnisse zu erfahren. Sie müssen diese Bedürfnisse dann aber auch respektieren und erfolgreich umsetzen.

- **Die Innovationen passen nicht zum Gesamtmarkt.**

Wer erinnert sich noch an Videocassetten? Das Video 2000-System ermöglichte 1979 eine Laufzeit von 16 Stunden, was für damalige Verhältnisse super war. Das System war erheblich besser als das Video Home System (VHS) des japanischen Victor-Konzerns (JVC). JVC hatte aber eine stärkere Stellung im Gesamtmarkt in Europa und konnte sein System durchsetzen. Beim Nachfolgemedium DVD einigten sich dann alle Anbieter auf einen gemeinsamen Standard.

2 Kreativität

2.1 Grundlegende psychische Merkmale

Es gibt allein in Deutschland 1,5 Millionen Personen, die in der Kreativwirtschaft tätig sind. Sie sind in der Regel auch tatsächlich kreativ, obwohl es auch dort einige organisatorische und eher unkreative Jobs wie Buchhaltung etc. gibt. In allen anderen Branchen gibt es aber ebenfalls sehr viele Kreative, und im Hobbybereich sogar noch viel mehr Menschen, die kreativ sind.

Bei Untersuchungen, warum viele Firmen nicht so kreativ wie erforderlich sind, fällt immer wieder auf, dass es Vorurteile gegenüber Kreativen gibt. Dies deckt sich mit der Beurteilung der Kreativwirtschaft insgesamt. Sie hatte lange ein Schattendasein und wird erst jetzt von der Bundesregierung, der Wirtschaft, den Banken etc. entdeckt.

Manche Kreative sind (unrealistische) Träumer. Viele Erfinder waren und sind aber auch Träumer, die trotzdem ihre Ideen in Produkte, Dienstleistungen und Wirtschaftskraft umgesetzt haben.

Jeder ist kreativ. Die Kreativität ist nur unterschiedlich ausgeprägt. Man kann auf gar keinen Fall Kreativen gewisse Attribute zuschreiben. Es gibt viele falsche Vorurteile. Einige wichtige Eigenschaften werden hier kurz betrachtet.

Verrückt

Ver-rückt im Sinne von „feste Ansichten verrücken“ und „einen anderen Blickwinkel einnehmen“ fördert die Kreativität und ist eine gute Eigenschaft. Wenn am Ende des kreativen Prozesses eine sachliche Bewertung und unternehmerisch kluge Umsetzung erfolgt, passt alles.

Unorganisiert

Unorganisiert heißt nicht unordentlich. Das Ausbrechen aus festen Regeln fördert die Kreativität. Im kreativen Prozess, also der Ausarbeitung und Umsetzung kreativer Ideen, muss jeder Kreative gut organisiert sein, damit es eine harmonische und effiziente Zusammenarbeit gibt.

Labil

Kreative mit vielen Ideen ändern ihre Meinung häufiger. Es ist trotzdem wichtig, nach einer Anlaufphase zielgerichtet kreativ zu sein, und das geht nicht mit einem labilen Charakter.

Schwach/tolerant

Toleranz ist keine Schwäche, sondern eine große Stärke bei kreativen Prozessen.

Kindisch

Kinder haben die größte Kreativität. Diese geht später etwas verloren. Menschen, die sich kindliche Züge bewahrt haben, sind oft kreativer. Dies ergänzt sich sogar gut mit akademischem Sachverstand und weckt oft Sympathien.

Sprunghaft

Kreative denken über den Tellerrand. Dies ist sprunghaft. Kreative müssen trotzdem ihre Ziele verfolgen und dürfen in der fortgeschrittenen Phase des kreativen Prozesses nicht mehr sprunghaft sein, um die Ideen konsequent umsetzen zu können.

Unternehmerisch

Es gibt einige Kreative, denen unternehmerische Arbeiten und Gedanken schwer fallen. Ein Vollblut-Kreativer mag vielleicht nicht gerne Buchhaltung oder analytische Kostenrechnung. Er kann sich dafür Partner, Angestellte oder Dienstleister suchen. Es ist aber wichtig, dass er trotzdem als Selbständiger unternehmerisch denkt und handelt. Als Angestellter ist dies ebenfalls sinnvoll, weil dann die Chancen erheblich größer sind, dass seine kreativen Ideen auch praktisch umgesetzt werden.

Fazit

Jeder kann kreativ sein und die oben genannten „Vorurteile" entkräften.

Die Verbindung von Kreativität und Unternehmertum ist der Kern dieses Buches und zieht sich wie ein roter Faden durch alle Themen. Die Verbindung von Kreativität und Wirtschaftskompetenz ist ein Schlüssel zum Erfolg. In der täglichen Arbeit mit Kreativen in der Kreativwirtschaft und mit kreativen Unternehmern bekommt man große Hochachtung und Bewunderung für die Kreativwirtschaft.

2.2 Problemsensitivität: Erkennen, dass und wo ein Problem besteht

Viele Unternehmen meinen, problemsensitiv zu sein, erkennen in Wahrheit aber häufig Probleme nicht. Dies hat verschiedene Gründe:

- Viele Unternehmer sind durch das Tagesgeschäft so stark eingespannt, dass sie für strategische und innovative Maßnahmen keine Zeit haben.
- Es fällt vielen Unternehmern schwer, sich etwaige Probleme einzugestehen.
- Ein Problemraum ist ein „Möglichkeitsraum", der alle Zustände umfasst, die bei der Lösung eines Problems auftreten können, unabhängig davon, ob diese Zustände zielführend sind oder nicht. Problemlösen ist eine Pfadsuche im Problemraum. In diesem Bereich ist es hilfreich, sich durch Innovationsberater unterstützen zu lassen.
- Problemsensitivität ist Teamwork und muss von allen Mitarbeitern gelebt werden.
- Problemsensitivität wird durch konsequente Kundensicht stark gefördert.

Es fällt Unternehmen aber immer schwer, eine konsequente Kundensicht einzunehmen.

Fazit

Problemsensitivität ist der Ursprung von Innovationen. Es ist damit aber auf keinen Fall Nörgelei und Pessimismus gemeint. Eine selbstbewusste Offenheit, gepaart mit konstruktiver Kritikfähigkeit, bildet eine gute Basis.

2.3 Flüssigkeit

In kurzer Zeit viele Ideen hervorbringen

In kurzer Zeit viele Ideen hervorzubringen hört sich einfacher an, als es ist. In Deutschland neigen viele Menschen dazu, gute Ideen im Keim zu ersticken. Dieses Verhalten hat schon viele Innovationen verhindert. Für die Ideenfindung ist es sehr wichtig, über den Tellerrand zu schauen. Viele Menschen denken in eingefahrenen Bahnen. Wir sind es heute gewohnt, mit einem PC zu arbeiten. Früher waren Computer sehr teuer, sehr groß und mussten von Experten bedient werden. Querdenker und Visionäre haben dann mit guten Ideen dazu beigetragen, dass der Computer so erfolgreich das tägliche Leben von Milliarden Menschen gestaltet.

Wer gute Ideen finden möchte, muss frei von Angst sein. Wenn ein Unternehmer unter Druck und Existenzangst gezwungen ist, neue Ideen zu finden, wird er sich schwer tun.

Gute Ideen sind einfach und leicht verständlich. Der Suchmaschinenanbieter Google hat einen Marktwert von 165,415 US$ und ist damit auf Platz 25 der wertvollsten Unternehmen der Welt (Stand 31.03.2012, FTD). Googles Geschäftsidee ist „die Informationen der Welt zu organisieren und allgemein zugänglich und nützlich zu machen.“

Brainstorming

Das Brainstorming wurde 1939 von Alex F. Osborn erfunden. Dafür wird eine Gruppe aus mehreren Experten, Mitarbeitern, Laien etc. zusammengesellt. Die Gruppenleitung führt die Gruppe in das Problem ein, welches dann analysiert und weiter präzisiert wird. Es werden folgende Regeln umgesetzt:

- Viele Ideen in kürzester Zeit (5–10 Minuten).
- Freies Phantasieren und Assoziieren sind erwünscht.
- Das Kombinieren und Aufgreifen von bereits genannten Ideen wird forciert.
- Kommentare, Korrekturen und Kritik sind verboten.
- In der ersten Phase werden die Ideen gefunden, dann in Phase zwei sortiert und bewertet.

Vorteile des Brainstormings:

- Innovative Ideen und ausgefallene Lösungen werden leichter gefunden.
- Es gibt Synergien durch die Gruppenbildung.
- Brainstorming hilft aus Gedankenblockaden und „Lösungs-Sackgassen" heraus.

Es gibt noch viele weitere Kreativitätstechniken, aber Brainstorming spielt für die schnelle Ideenfindung eine wichtige Rolle und wirkt optimal, wenn die oben beschriebenen Rahmenbedingungen eingehalten werden.

2.4 Flexibilität

Neue Sichtweisen entwickeln und gewohnte Denkmuster ablegen können

Neue Sichtweisen

Haben Sie sich nicht auch schon oft vorgenommen, ab morgen einiges anders zu machen oder anders zu reagieren? Es klappt meistens nicht, weil die Menschen „Gewohnheitstiere" sind. Innovationsberater können durch den wichtigen Blick von außen neue Innovationsmöglichkeiten erkennen. Eine neue Sichtweise kann auch eine starke Fokussierung auf die Kundenbedürfnisse sein. Kunden wollen Lösungen; wenn Produkte diese Lösungen bringen, sind Kunden zufrieden. Die Unternehmer wollen meistens Produkte verkaufen und konzentrieren sich mehr auf die „Product Features" als auf die Problemlösung für die Kunden.

Handy

1931 kommt der erste Elektrorasierer auf den Markt und Erich Kästner beschreibt eine große Utopie in seinem Buch „Konrad reitet in die Südsee“:

„Ein Herr, der vor ihnen auf dem Trottoir lang fuhr, trat plötzlich aufs Pflaster, zog einen Telefonhörer aus der Manteltasche, sprach eine Nummer hinein und rief, „Gertrud, hör mal, ich komme heute eine Stunde später zum Mittagessen“.

Die Leser schüttelten darüber den Kopf im Jahr 1931. Hätte Erich Kästner dann noch erzählt, mit dem Telefonhörer aus der Tasche könne man noch tolle Fotos machen, Filme drehen und über einen Browser Informationen aus aller Welt im Sekundentakt erhalten sowie elektronische Briefe schreiben, wäre er bestimmt für verrückt erklärt worden. Heute ist uns so ein Mobiltelefon ein alltägliches Gut. Dies konnte aber nur so entwickelt werden, weil es viele Menschen mit Utopien, Phantasien, Kreativität und Pragmatismus gab, die Funktionalitäten neu erdachten. Hersteller von Fotoapparaten mussten neue Sichtweisen und daraus neue Produkte entwickeln. Erst wenn Fotoapparate digital ohne Film funktionieren und immer kleiner werden, können Fotoapparate in Handys integriert werden. Das gleiche gilt für das Internet. Es musste erst zu einem Lebensmittelpunkt werden und dann technisch so ausgereift, dass es mobil von Kunden benutzt werden konnte. Bei allen technischen Innovationen ist aber immer ausschlaggebend, ob die Kunden einen Nutzen haben. Der Siegeszug der mobilen Kommunikation und des mobilen Entertainments wurde nur möglich, weil die Nutzer immer mobiler wurden. Diese Praxisbeispiele zeigen deutlich, wie wichtig es ist, gewohnte Denkmuster abzulegen.

Fazit

Neue Sichtweisen bringen oft bahnbrechende Erfindungen und Innovationen. In der Praxis ist es deshalb ratsam, interdisziplinäre Teams zu bilden und sehr stark die Sichtweise der Kunden einzunehmen. Sie sorgen durch ihre Akzeptanz der Innovationen für den wirtschaftlichen Erfolg.

2.5 Redefinition

Bekannte Objekte neu verwenden, improvisieren

Bekannte Objekte neu zu verwenden ist der Kern der Kreativität. Dies wird demnach sehr häufig in der Kunst gemacht, aber auch in der Wirtschaft gibt es viele Beispiele.

Vom „Lazy Bone" zum „Couch Potato"

Nach dem Zweiten Weltkrieg wollte Eugene F. McDonald, Präsident der Zenith Radio Corporation, die Kabelfernbedienung, die er bei der US Navy kennengelernt hatte, für Fernseher neu verwenden. Die Idee floppte, weil die Kabel zur Stolperfalle wurden. 1955 kombinierte die Firma Zenith Electronics Corporation das Grundobjekt neu und verband Ultraschall in der Fernbedienung mit Sensoren im Fernseher. Die kabellose Fernbedienung war geboren und die „Couch Potatoes" konnten kommen.

Bionik

In der Bionik werden Phänomene aus der Natur in die Technik übertragen. Es werden dabei systematisch Lösungen der belebten Natur erforscht und praxisnah umgesetzt.

Diese Methode wurde beispielsweise von den Gebrüdern Wright bei der Erfindung des Flugzeugs verwendet: Sie schauten sich dazu die Bewegungsabläufe von Vögeln beim Fliegen genau an. Davon profitiert heute noch die Flugzeugindustrie. Die Erfindung des Klettverschlusses haben wir den Klettfrüchten zu verdanken. Heute versucht die Wissenschaft, große Menschenmassen vor Panik zu schützen, indem unter anderem die Schwarmintelligenz erforscht wird. Falls Sie sich wundern, welche Auslieferungsrouten Ihr Briefträger oder Ihre Müllabfuhr nimmt, so wurden die Routen wahrscheinlich nach dem Ameisenalgorithmus geplant.

Improvisation und ausprobieren

Thomas Alva Edison wollte telegrafische Nachrichten aufzeichnen. Eine Walze, in die ein Stichel Punkte und Striche gravierte, sollte dies ermöglichen. Das ist eine ernste und wissenschaftliche Aufgabe. Wie konnte dann ein Mitglied seines Teams auf die Spielerei kommen, das Ganze umgekehrt laufen zu lassen und dann eine Membran anzubringen? Das ist doch nicht zielführend. In Bezug auf die Nachrichtenaufzeichnung trifft das zu, aber dadurch konnte man Töne aufnehmen. Dies war der Vorläufer der heutigen MP3-Player. Musik wurde auf diese Art konservierbar gemacht. Das hat die Welt verändert.

Fazit

Improvisationen und Spielereien können tolle neue Produkte und Innovationen entstehen lassen. In Deutschland werden aber in Schule, Studium und Beruf Rationalität, zielgerichtetes Arbeiten und Effizienz „groß geschrieben". Dadurch wird so manche Erfindung und Innovation verhindert.

2.6 Elaboration

Anpassen der Ideen an die Realität

In der Innovationsberatung trifft man in der Praxis auf sehr viele tolle Ideen. „Ja aber, das hat doch nichts mit der Realität zu tun", findet man immer wieder Bedenkenträger. Diese Bedenken können nur ausgeräumt werden, wenn die Ideen an die Realität angepasst werden.

„Seit einem Jahr beschäftige ich mich mit dem Gedanken des mechanischen Gehirns" schreibt Konrad Zuse im Juni 1937 in sein Tagebuch.

1937 fliegt Hanna Reitsch mit ihrem Hubschrauber Focke-Wulf Fw61 einen neuen Weltrekord: Sie schafft 108,9 km.

Hätte Konrad Zuse 1937 die Idee gehabt, dass man mit seinem Gerät alle Medien gestalten kann, alles verwalten und archivieren, alles berechnen und simulieren, alle Medien wiedergeben kann und über elektronische Post (E-Mail) die ganze Welt kommuniziert, hätte ihn jeder als unrealistisch empfunden.

Er entwickelte zum Glück erst die Methode der computergerechten Gleitkommazahlen auf der Grundlage von Mantisse und Exponent.

Danach verbesserte er die elektromechanische Relaistechnik an einem Prototyp Z2 und erst dann den Z3, welcher als erster funktionstüchtiger Computer der Welt gilt. Dies ist ein gutes Beispiel, wie Ideen an die Realität angepasst werden.

Viele Firmen scheitern mit Innovationen, weil sie nach eigenen Angaben der Zeit voraus sind. Sie empfinden sich dabei als schlauer und fortschrittlicher als alle anderen. Vom technischen Standpunkt ist dies verständlich. Wirtschaftlichkeit und Kundenorientierung verlangen aber eine Anpassung der Innovationen an die Realität, und die Realität ist nicht der Zeit voraus.

In der Beratungspraxis ist es daher sehr wichtig, eine Balance zu finden zwischen Utopie, Fortschritt und Realität. Die Kunden müssen die Innovationen mittragen.

Der Erfinder Leonardo da Vinci war seiner Zeit Generationen voraus.

Er hatte den Traum vom Fliegen und machte 1505 Flugübungen mit einem Segelfluggerät. Zu dieser Zeit freuten sich die feiner Herren seiner Gesellschaft darüber, endlich auch beim Spaziergang zu wissen, wie spät es ist, weil die Taschenuhr erfunden wurde.

Fazit
Innovationen und Erfindungen sind manchmal der Zeit voraus. Sie können aber in angepasster Form in ihrer Zeit genutzt werden.

2.7 Originalität

Vom Würfel zum Scrollrad

Ein origineller PC, der ohne einen aktiven und damit lauten Lüfter auskommt, der als einer der wenigen Computer im New Yorker „Museum of Modern Art" (MoMA) ausgestellt ist, deren Designer Jonathan Ive internationale Preise gewann und der als technischer Olymp gepriesen wird, muss doch erfolgreich sein, oder nicht? Der Computer Power Mac G4 Cube von Apple wurde nur ein Jahr lang gebaut (Juli 2000 bis Juli 2001). Er war zwar kompakt, aber intern kaum erweiterbar, sodass der Arbeitsspeicher relativ knapp bemessen war. Ein größerer Arbeitsspeicher wäre ein größerer Kundennutzen. Er war außerdem 10% teurer als vergleichbare G4-Rechner. Weniger Kundennutzen und höherer Preis sind wirtschaftlich eine ungünstige Mischung. Der G4 Cube hat die Aktie von Apple stark belastet, und erst der iPod konnte die Krise beenden. Der iPod ist ebenfalls sehr originell, und er ist zusätzlich sehr benutzerfreundlich: Musiktitel sind über Abspiellisten einfach und intuitiv zu bedienen. Die Lautstärkeregelung und das Anwählen einer beliebigen Stelle innerhalb eines Liedes geschieht durch ein Scrollrad. Bei dieser Kombination hat sich also zu Recht der wirtschaftliche Erfolg eingestellt.

Der Freund der Senioren von morgen

Der Alias-Roboter des Fraunhofer-Instituts soll die Alltagskommunikation unterstützen. Er kann Einkaufslisten erstellen, an Geburtstage erinnern und im Notfall sogar auf Zuruf die Polizei rufen. Er ist originell und wird nach Expertenmeinung ein Erfolg werden, weil vor allem ältere Menschen durch ihn sicherer und selbstbestimmter leben können.

Fazit

Originalität ist wichtig, um einer Innovation eine besondere, einprägsame Note zu geben. Originalität alleine reicht aber nicht aus, um Erfolge zu erzielen. Erfolgsversprechend ist eine Kombination aus Originalität, Kundennutzen und kundenfreundlichen Angeboten.

2.8 Die kreativen Bausteine

Kreativität sehen viele Menschen als eine besondere Gabe. Sie glauben nicht daran, dass man Kreativität auch handwerklich erarbeiten kann. Kreativität ist Deutschlands wichtigstes Wirtschaftsgut und der Schlüssel für eine gute Zukunft.

Kreativität besteht aus den folgenden Bausteinen:

1. Die kreative Person
2. Der kreative Prozess
3. Das kreative Produkt
4. Das kreative Umfeld

Die einzelnen Bausteine werden im Folgenden anhand von Praxisbeispielen erklärt.

Man erkennt an dieser Aufstellung, wie stark die Kreativität in einem Unternehmen beeinflusst wird. Die kreative Person ist wichtig, und die Personalpolitik eines Unternehmens muss kreativitätsfördernd wirken. Hier gibt es noch viel Verbesserungspotenzial, denn dieser Bereich wird von vielen Unternehmen kaum beachtet und wenn doch, dann eher isoliert als integriert. Der kreative Prozess ist der Schwerpunkt vieler Innovationsmanager und sehr stark projektorientiert. Ein guter kreativer Prozess geht aber sehr viel weiter. Das kreative Produkt sollte ein wichtiges Ziel des kreativen Prozesses sein. In der Praxis kommt es aber oft gar nicht so weit, weil der kreative Prozess schon sehr viel (kreative) Energie verbraucht. Je mehr kreative Produkte es gibt, die von den Kunden auch erfolgreich angenommen werden und den kreativen Unternehmen gute Gewinne bringen, desto stärker wird sich kreatives Unternehmertum durchsetzen und alle Beteiligten in der Wirtschaft werden davon profitieren. Das kreative Umfeld spielt ebenfalls eine wichtige Rolle. Die Rahmenbedingungen sind leider in Deutschland in vielen Unternehmen sehr schlecht; dadurch wird viel Kreativität verhindert und Zukunftschancen werden verspielt. Zum kreativen Umfeld gehört auch ein intaktes Makro-Umfeld, welches von der Politik gut gestaltet werden kann. In der Praxis begnügt sich die

Politik aber oft damit, in „Sonntagsreden" den kreativen Standort Deutschland zu loben. Von der Politik wird häufig übersehen, dass die kreative Person sehr wichtig ist. Hier muss bei der Bildung bereits im Kindergarten und in der Schule angesetzt werden. Den kreativen Prozess und das kreative Produkt müssen die kreativen Unternehmen federführend schaffen.

Fazit

Die kreativen Bausteine erfordern aktives, kreatives Engagement aller Beteiligten:

Unternehmen, Angestellte, Politik, Bildung etc. Das ist ein mühsamer Weg, der sich aber lohnen wird, weil Kreativität Deutschlands wichtigstes Wirtschaftsgut ist.

2.9 Die kreative Person

Es gibt keine allgemein gültigen Regeln für kreative Personen, aber eine kreative Person zeigt folgende Eigenschaften: Sie ist oft problemsensitiv. Damit ist keine Nörgelei gemeint, sondern das sachliche Erkennen von Problemen. Sie stellt das Übliche in Frage, dies ist ein großer Antrieb. Es werden dann aber konstruktiv neue Möglichkeiten erkundet. Sie denkt flexibel, abseits eingefahrener Denkmuster. Sie verfügt über mehrere (divergente und konvergente) Denkstile. Bei der divergenten Denkweise werden zwei Objekte auseinandergenommen. Praxisbeispiel: Musik und als Tonträger die Schallplatte gehörten lange Zeit untrennbar zusammen. Ein divergenter Denkstil trennt dies, und man kann sich Musik in allen Medien vorstellen, also z. B. auch auf CD, im Internet oder was auch immer kommen mag. Die konvergente Denkweise bezeichnet die Zusammenführung zweier Objekte, Größen oder Prozesse, in der Telekommunikation z. B. das Zusammenwachsen verschiedener Dienste und Inhalte. So können mit dem Handy, welches ursprünglich nur zum Telefonieren gedacht war, auch Internet-Inhalte empfangen, Games gespielt und Fotos gemacht werden.

Diese kreativen Denkweisen haben enorme wirtschaftliche Bedeutung. Bei der Beobachtung der Wirtschaft fällt auf, dass die divergente Denkweise, die also Objekte auseinandernimmt, meisten sehr hilfreich ist, um Produkte vor dem Untergang zu bewahren und durch Modifikation bestehender Produkte neue Geschäfte zu generieren.

Die erste Krise der Musikbranche Ende der 1980er Jahre wurde in einen Aufschwung umgewandelt, weil die CD erfunden wurde. Dies war nur möglich durch die gedankliche Trennung von Musik und Schallplatte. Musik konnte nun digital und ohne Rauschen gehört werden. Viele Konsumenten haben sich deshalb noch einmal CDs zugelegt, deren Musik sie schon auf Schallplatte hatten, um den besseren Klang zu genießen. Dies hat die CD-Verkäufe stark angekurbelt.

Konvergentes Denken ist gut für die Erschließung neuer Geschäftsmodelle.

Die Firma, welche diese Modelle erfindet, profitiert von Umsatzsteigerungen und zusätzlichen Gewinnen. Ihre Partner, z. B. Content-Lieferanten, profitieren aber ebenfalls sehr stark davon. Oft werden dadurch auch Firmengründungen angestoßen.

Auf dem Handy werden Klingeltöne, Games, Internet-Inhalte etc. vermarktet. Die Handy-Firmen bzw. Netzbetreiber profitieren davon, weil sie mehr Umsätze und Gewinne generieren. Die Content-Lieferanten gewinnen aber auch: So generieren durch die Musikvermarktung auf dem Handy viele Musikverlage und Tonträgerfirmen zusätzliche Umsätze. Das gleiche gilt für alle anderen Inhalte: Wenn man auf dem Handy auch Fotos machen kann, hat es enorme Auswirkungen auf die Foto-Branche. Diese Auswirkungen können positiv, aber auch negativ sein. Einerseits kann der Verkauf von Fotoapparaten zurückgehen, weil viele Menschen nur noch mit dem Handy fotografieren. Es kann aber dadurch auch das Interesse an der Fotografie steigen und viele Konsumenten kaufen zusätzlich noch hochwertigere Kameras.

2.10 Der kreative Prozess

Der kreative Prozess besteht aus drei Hauptphasen:

1. Vorbereitungsphase

In der Vorbereitungsphase werden zuerst die Ziele festgelegt. Je besser die Ziele auf den Punkt gebracht werden, desto besser können zielgerichtete kreative Lösungen gefunden werden. Nicht: Machen Sie sich kreative Gedanken, wie unsere Firma besser dastehen könnte. Besser: Unsere Firma möchte konkret 10 % Kosten einsparen. Dies kommt allen Mitarbeitern zugute, weil dadurch Arbeitsplätze gesichert werden. Die folgenden Kosten fallen an: Produktionsmaterialien, Reisekosten, Löhne. Jetzt können für jeden Kostenbereich kreative Teams gebildet werden. Im Produktionsbereich können die Arbeiter ihre Arbeitsabläufe analysieren und Verbesserungsvorschläge machen. Wenn alle auch fachübergreifend kreativ sind, findet man sicherlich andere Produktionsmaterialien, die kostengünstiger sind. Zur Reduzierung der Reisekosten kann eine Reduzierung der Anzahl der Reisen beitragen. Es können günstigere Hotels gesucht, die Reisen besser und zeitsparender geplant werden etc. Eine Reduzierung der Lohnkosten bedeutet nicht gleich Lohnverzicht. Unter Mitwirkung aller Kreativen kann aber die Arbeit wahrscheinlich noch effizienter gemacht werden und dadurch können Überstunden eingespart werden, was die Lohnkosten senkt.

Nach diesem Schema kann man dann ganz konkrete Ziele für Neukundengewinnung, Umsatzsteigerung mit bestehenden Kunden, Einführung neuer Produkte und Dienstleistungen etc. vereinbaren. Nach der Festlegung der Ziele erfolgt die Aufgabenverteilung. Diese sollte klar und deutlich formuliert sein. Es bietet sich an, fachübergreifende kreative Teams zu bilden, um verschiedene Sichtweisen einzubinden. Dazu kann auch die Einbindung von Lieferanten, Partnern und Kunden gehören. Bei der Festlegung der Aufgaben und Ziele ist es wichtig, ein kreatives Umfeld zu schaffen. Ein optimales kreatives Umfeld ist Ruhe ohne Störungen und operative Arbeitsbelastungen. Solche Kreativsitzungen können vor der Arbeit, nach der Arbeit, aber auch an einem Wochenende durchgeführt werden. Während der regulären Arbeitszeit ist für absolute Ruhe zu sorgen. Kreative Sitzungen finden am besten in entspannter Atmosphäre und relaxter Umgebung statt. Eine sportliche oder loungig entspannte Umgebung ist gut geeignet.

Auf keinen Fall sollen operative Arbeiten und stapelweise Aktenordner im Blickfeld sein. Optimalerweise werden zudem Ideen außerhalb der Firma, also in der Freizeit, erfasst und die Teilnehmer ermutigt, sich auch in der Freizeit kreative Gedanken zu machen. Dies setzt ein gutes und faires Verhältnis mit dem Arbeitgeber und ein hohes Maß an Motivation voraus.

2. Intuitive Phase

In der intuitiven Phase werden die Ideen gefunden. Dafür gibt es diverse Kreativitätstechniken und einige wichtige Regeln: Ideen sollten nicht sofort kritisiert und damit zerstört werden. Es ist erwünscht, über den Tellerrand zu schauen und verschiedene Sichtweisen einzunehmen. Jede Idee wird aufgeschrieben. Man kann dann aus vorhandenen Ideen durch Abwandlungen weitere Ideen erzeugen. In der intuitiven Phase gibt es auch oft Geistesblitze, also dass Ideen dann plötzlich auftauchen, wenn man gerade etwas ganz anderes macht.

3. Kritische Phase

In der kritischen Phase werden die Ideen ausgewählt. Dabei kommt es immer wieder zu Verbesserungen und Abwandlungen der bisherigen Ideen. Es können auch noch neue Ideen gefunden werden. Ganz zum Schluss werden die Ideen umgesetzt und kontrolliert.

2.11 Das kreative Produkt

> Ziel des kreativen Prozesses sind meistens kreative Produkte oder Dienstleistungen, die einen nachhaltigen wirtschaftlichen Nutzen bringen.

Es stellen sich meistens folgende Fragen:

Ist die Idee realisierbar?

Nur realisierte Ideen haben unternehmerischen Wert. In der Ideenfindung ist es wichtig, alle Ideen ohne Einschränkung zuzulassen.

Jetzt kommt nach der Auswahl die Stunde der Wahrheit. Hier ist aber auch wieder Kreativität gefragt. Wenn sich eine Idee unter den jetzigen Umständen (noch) nicht realisieren lässt, kann sich das schnell ändern, wenn man weitere kreative Ideen hat, die das Umfeld und die Begleitumstände verändern.

Welchen Nutzen hat die Idee?

Der Kundennutzen eines Produkts ist das wichtigste Kriterium für jedes Unternehmen. Eine gute Idee muss konkreten Kundennutzen haben, damit sie erfolgreich wird. Bei einem sauberen Briefing wird darauf schon in der Zielformulierung geachtet, sodass die kreativen Ideen sich daran von Anfang an orientieren können. Wenn der Nutzen noch nicht optimal ist, die Idee aber Potenzial hat, kann man sie weiter kreativ und zielgerichtet bearbeiten. Falls die Zeit noch nicht reif ist, kann man Ideen auch für die Zukunft sammeln und später weiter bearbeiten und umsetzen.

Welche Konsequenzen hat diese Idee?

Diese Frage ist sehr wichtig, weil kein Unternehmen sein Geschäft kannibalisieren möchte. Es nützt nichts, wenn ein Unternehmen durch die Umsetzung einer neuen kreativen Idee zwar Geld verdient, an anderer Stelle aber Umsatzeinbußen hat. Es kann auch Konsequenzen für die gesamte Branche oder die gesamte Wirtschaft geben. Praxisbeispiel: Billigflieger mit neuen Geschäftsmodellen zwingen auch alle anderen Airlines, darauf zu reagieren und ebenfalls günstigere Preise anzubieten. Das Flugaufkommen ist durch Billigflieger gestiegen, was Auswirkungen auf die Bahn und andere Verkehrsträger hat.

Wie ist die Idee im Vergleich zu den Wettbewerbern?

Kreative beobachten den Wettbewerb genau. Oft finden sich dort schon fertige gute Ideen, oder man kann deren Ideen abwandeln. Wenn die Wettbewerber ganz andere Ideen haben, ist es wichtig, die vorhandenen Ideen mit Fokus auf den Kundennutzen zu bewerten. Persönliche Eitelkeiten müssen dann zurückstehen. Die Idee soll nicht dem Urheber gefallen, sondern dem Nutzer. Der Köder muss ja auch dem Fisch schmecken und nicht dem Angler.

Die Idee muss evaluiert werden. Es sollen Schwächen erkannt und ausgebessert werden.

Ist die Idee einleuchtend?

Jede noch so kreative oder ver-rückte Idee muss plausibel sein. Sie muss auch von den Kunden gut verstanden und akzeptiert werden. All dies wird noch einmal im Produkt getestet. Abschließend ist zu überlegen, ob alle Veränderungen, die mit der Idee verbunden sind, wirklich vom Unternehmen gewollt sind. Dabei ist auch wichtig, ob die Idee verhindert werden kann, falls sie nicht gewollt ist, oder ob zu erwarten ist, dass diese Idee sonst die Wettbewerber durchsetzen, was nicht zu verhindern ist.

> Sobald dies alles bearbeitet ist, muss definitiv festgesetzt werden, wer diese Idee verlässlich durchsetzt und umsetzt.

2.12 Das kreative Umfeld

Ein gutes kreatives Umfeld besteht aus folgenden Faktoren:

- Es gibt eine aktivierende Führung, die kreative Ideen nachhaltig auch besonders bei der Umsetzung unterstützt. Dazu bedarf es einer innovativen Firmenkultur.
- Führungskräfte müssen erkennen, dass sie keine Wahl haben, ob sie ihr Unternehmen kreativ führen oder nicht.
- Zur Kreativität zwingen sie:
  - [1] Unberechenbares Kundenverhalten, welches ständig große Veränderungen auslöst.
  - [2] Rasante technische Entwicklung mit dem gleichen Effekt.
  - [3] Neue Formen des Wettbewerbs fordern kreative Antworten.

Kontinuierliche Reflexion ist ein ständiger Verbesserungsprozess. Daraus entstehen auch viele kreative Ideen.

Eine konsequente Implementierung ist zielführend.

Es werden Ideen umgesetzt und es wird vermieden, dieselben Fehler zu machen.

Eine professionelle Dokumentation, bei der Verbesserungsvorschläge veröffentlicht werden, ist extrem hilfreich. Das motiviert Mitarbeiter zu weiteren kreativen Taten und ist eine Quelle für neue kreative Ideen.

Schwierigkeiten werden aus dem Weg geräumt. Zeitdruck muss bei kreativen Prozessen vermieden werden. Er entsteht meistens durch zu viele operative Aufgaben. Es ist sinnvoll, diese Aufgaben auf ein Minimum zu reduzieren und den verbleibenden eine niedrigere Priorität zu geben.

Ein guter Geschäftsführer beschäftigt sich besser viel strategisch mit der Firma als operativ in der Firma.

Destruktive Kritik wird konsequent nicht geduldet. Das gleiche gilt für machtpolitische Themen und die Beharrung auf dem Status Quo (Quellen: Auszüge aus: Anna Beinlich: Zirkeltraining, www.anna-beinlich.de).

2.13 Die Idee

Merkmale von Ideen

- Sie sind intelligibel, das heißt unkörperlich, der Sinneswahrnehmung prinzipiell entzogen und nur durch geistige Einsicht erfassbar.
- Sie sind das „reine Seiende“ und „seiend Seiende“, das heißt, nur ihnen kommt das Sein im wirklichen, eigentlichen Sinne zu. Alles Sein außerhalb des Ideenbereichs ist nur ein abgeleitetes Sein, ein Sein in einem uneigentlichen Sinne.
- Sie sind vollkommen, das heißt: Das spezifische Wesen desjenigen, dessen unkörperliche „Gestalt“ eine Idee ist, findet in ihr seine durch nichts überbietbare Vollendung. Damit erhalten die Ideen eine Wertdimension, sie werden als Ideale bei Platon positiv gewertet und verherrlicht. In der Idee fällt das, was ist, mit dem, was sein soll, zusammen.
- Sie sind überzeitlich, das heißt, sie entstehen nicht und vergehen nicht und sind keinerlei Wandel unterworfen, sondern immer mit sich selbst identisch. Ihre Ewigkeit ist im Sinne von Über-

zeitlichkeit zu verstehen; aus zeitlicher Perspektive betrachtet erscheint sie als unbegrenzte Dauer.

- Sie sind formlos, das heißt, sie verursachen zwar die räumlichen Gestalten, weisen aber selbst keine Form auf, da sie nicht räumlich sind. Da ihnen keine Räumlichkeit zukommt, sind sie nirgendwo.
- Sie sind einfach, rein und unvermischt. Sie sind dasjenige, in dem das, was ist, mit dem, als was es sich zeigt, exakt übereinstimmt. Eine Idee ist das, was sie bedeutet. Sie stellt nur sich selbst dar, im Gegensatz zum Sinnesobjekt, das über sich hinausweist auf die Ideenwelt. Während ein Sinnesobjekt als Träger konträrer Merkmale einen inneren Gegensatz enthält – beispielsweise ist es in einer Hinsicht schön, in einer anderen hässlich –, kann eine Idee nichts außer ihrer eigenen Beschaffenheit aufweisen.
- Sie sind normativ, das heißt, sie bewirken, dass alles sinnlich Wahrnehmbare existiert und so ist, wie es ist. Das wirkliche Sein der Ideen ist die Ursache des uneigentlichen Seins der veränderlichen Dinge. Die Ideen sind Urbilder, alle veränderlichen Dinge sind deren Abbilder. Die Sinnesobjekte verdanken den Ideen alles, was sie sind und was an ihnen wahrnehmbar ist. Die Ideen hingegen verdanken den Einzeldingen nichts, ihre Existenz ist von derjenigen der Einzeldinge in keiner Weise abhängig.
- Ideen gibt es nur von Allgemeinem, nicht von Individuen.
- Die Idee als das Allgemeine mit seinem umfassenden Charakter ist für die Sinnesobjekte, in deren Vielheit sie sich abbildet, das Prinzip der Einheit.
- Aufgrund ihrer Merkmale, die von göttlicher Art sind, sind die Ideen göttliche Wesen und als solche den Göttern übergeordnet; die Götter verdanken ihre Göttlichkeit ihrem Zugang zu den Ideen.
- Als Erkenntnisobjekt ist eine Idee Quelle von Wissen. Eine auf Ideen bezogene Erkenntnis, die nicht auf Sinneswahrnehmung basiert, bedeutet echtes Wissen, während die Sinneswahrnehmung mangels Zuverlässigkeit nur zu Meinungen führt.

2.14 Ideenfindung

Es gibt unzählige Bücher, Seminare, Techniken und Trainer für Ideenfindung und Kreativität. Wenn man sie analysiert, lassen sich folgende Eckpunkte herausarbeiten:

[1] Freies Denken, außerhalb aller Schablonen. Querdenker haben bessere Chancen, gute Ideen zu finden.

[2] Unterschiedliche Personen aus verschiedenen Abteilungen, unterschiedlichen Alters, aus verschiedenen Ländern, mit verschiedenen Erfahrungen werden durch die Kombination ihrer Erfahrungen und Ideen eine quantitativ und qualitativ gute Ideensammlung generieren können.

[3] Es ist wichtig, dass jeder Kreative seine Ideen ohne Kritik und ohne jegliche Einschränkungen formulieren kann. Dies ist auch eine der Kernbedingungen beim Brainstorming, lässt sich aber grundsätzlich auf alle Kreativitätstechniken übertragen.

[4] Ideen und Kreativität sollen nicht Selbstzweck sein, sondern am Ende aller Kreativitäts-Sessions sollen irgendwann kreative und erfolgreiche Produkte entstehen, weil nur so die Zukunft nachhaltig gesichert werden kann. Bei der Ideenfindung sollen diese Gedanken nicht behindern, sondern die Sehnsucht wecken, durch Kreativität große, konkrete Dinge erreichen zu können.

[5] Der Wert kreativer Gedankenarbeit sollte immer präsent sein. Wir sind besonders in Deutschland sehr rationell geprägt. Wer viel schreibt, kann viel Arbeit vorweisen. Wer sich in der gleichen Zeit kreative Gedanken macht, hat vielleicht nur ein paar Ideen und Worte zu Papier gebracht. Das sieht unproduktiver aus, als es ist. Wenn sich alle Beteiligten den großen wirtschaftlichen Wert ihrer kreativen Arbeit klar machen, werden sie ungezwungener und erfolgreicher gute und umsetzbare Ideen generieren.

[6] Im Idealfall geht die Ideenfindung über Ideen-Workshops hinaus. Viele gute Ideen entstehen während der Freizeit, nachts etc. Es muss daher eine gute Kombination aus

Ideenfindung im Unternehmen während der Arbeitszeit und Ideenfindung während der Freizeit gefunden werden. Dafür muss ein optimales kreatives Umfeld geschaffen werden.

2.15 Innovation

[1] Technische Innovation
[2] Service-Innovation
[3] Geschäftsmodell-Innovation
[4] Design-Innovation
[5] Soziale Innovation

1. Technische Innovation

Viele Menschen sehen technische Innovationen als das Hauptziel. Wer aber viel mit der Kreativwirtschaft und Dienstleistungsunternehmen zu tun hat, schätzt auch den Wert der anderen Innovationsarten.

2. Service-Innovation

Durch das starke Wachstum des Dienstleistungssektors wird dieser Bereich immer wichtiger. Service-Innovationen sind außerdem auch für alle anderen Branchen der wesentliche Schlüssel zur Kundengewinnung und Kundenbindung.

3. Geschäftsmodell-Innovation

In der Innovationsberatung ist dies der wesentlichste Bereich des Unternehmens Kreativwirtschaft, um aus Innovationen neue Geschäftsmodelle zu erarbeiten. Es ist daher absolut erforderlich, dass Innovationsmanagement aktiv von der Geschäftsleitung des innovativen Unternehmens getragen wird. Neue Geschäftsmodelle zu entwickeln und die Umsätze bzw. Gewinne zu steigern, sollte ein wichtiges strategisches Ziel von Innovationsmanagement sein.

4. Design-Innovation

Ein gutes Design spielt eine wichtige Rolle beim Produkterfolg, und deshalb sind hier Innovationen sehr wichtig.

5. Soziale Innovation

Soziale Innovationen sind gesellschaftlich sehr wichtig. Unternehmen können von sozialem Unternehmertum und CSR (Corporate Social Responsibility) stark profitieren. Für ein einzelnes Unternehmen bleibt aber bisher die Geschäftsmodell-Innovation der wichtigste Bereich.

2.16 Anforderungen an die Kreativität

Als Innovationsberater bewegt man sich in zwei Welten, die zusammengeführt werden müssen, um nachhaltige Erfolge zu erzielen. Die eine Welt ist die der Kreativen. Diese Welt ist oft unorganisiert, spontan, sprunghaft, manchmal auch idealistisch und sensibel. Die andere Welt heißt Wirtschaft, Leistungsdruck und Globalisierung.

Eine große Erfahrung durch Beratungen in der Kreativwirtschaft bringt diese beiden Welten besonders erfolgreich zusammen. Im Kapitel „Kreativwirtschaft" wird dargelegt, wie alle anderen Branchen von der Kreativwirtschaft profitieren können.

In der Praxis sind die Anforderungen an die Kreativität nicht ungewöhnlich hoch. Viele Kreative warten lange auf die Super-Idee und übersehen, dass scheinbar kleine und banal scheinende Ideen oft schon zum Ziel führen. Es ist hilfreich, eine Vision und konkrete Ziele zu haben, damit die Kreativität motiviert genutzt wird. Auf der anderen Seite muss es so viel Spielraum geben, dass die Kreativität mehr ist als ein Mittel zum Zweck.

Fazit

Jeder ist kreativ und kann seine Kreativität durch Training ausbauen. Es gibt hunderte von Kreativitätstechniken; wichtig ist aber immer, ganz konkrete Lösungen für die oben genannten Innovationsbereiche zu finden. Das Unternehmen Kreativwirtschaft verbindet Kreativitätstechniken mit konkreten, unternehmerischen Herausforderungen, die dann praxisnah umgesetzt werden. Kreativität darf nicht losgelöst sein von aktuellen Fragestellungen.

2.17 Die kreative Klasse

Die Grundaussage von Floridas Theorie ist, dass die kreativen Köpfe einer Gesellschaft und die von ihnen ausgehenden Innovationen entscheidend für das ökonomische Wachstum von Regionen sind. Zugehörige der kreativen Klasse sind in allen Bereichen der Arbeitswelt zu finden, ihr „kreativer Output" ist entscheidend, sowie die daraus entstehenden Innovationen. Florida legt in seinen Forschungen auch Augenmerk auf die räumliche Verteilung der Creative Class und versucht, damit die Entwicklung von Regionen zu erklären.

Die Veränderung der Arbeit

Florida geht davon aus, dass kreativer Output der wichtigste Faktor für Wirtschaftswachstum ist. Schon die Erfindung des Pfluges war ein kreativer Einfall, der zu tiefgreifenden Veränderungen in der Landwirtschaft führte. Fest steht, dass jeder Mensch ein kreatives Potenzial hat, jedoch muss er auch innerhalb eines Systems leben, das diese Kreativität fördert und zur Entfaltung bringt.

Lange Zeit gingen die Innovationen von wenigen Einzelnen aus, die große Masse der Menschen arbeitete, ohne über ihre Arbeit nachzudenken. Dies traf besonders auf die Zeit der fordistischen Wirtschaftsordnung zu. Entstanden im frühen 20. Jahrhundert, teilte sie Wertschöpfungsprozesse in einzelne, vordefinierte Schritte ein. Das Fließband wurde zum Herzschlag der Produktion (Florida 2002, S. 62–66). Jedoch wurde dieses System ungefähr seit den 1980er Jahren großen Veränderungen unterworfen, ausgehend unter anderem von japanischen Unternehmen wie Toyota, welche erkannten, dass die Arbeiter einer Fabrik weit wichtiger für den Wertschöpfungsprozess waren als die benutzten Maschinen. Durch die härter gewordene globale Konkurrenz, gestiegenen Zeitdruck, durch kürzere Produktzyklen sowie die damit einhergehende Erkenntnis, dass diese Wirtschaftsordnung mit ihren vertikalen Organisationen und Hierarchien zu starr war, um diese Herausforderungen wirksam und erfolgreich zu bewältigen. Es entwickelten sich neue Formen der Wirtschaftsordnung, Flexibilisierung von Unternehmen, u.a. durch das Abflachen von Hierarchien, größere Verantwortungsbereiche für Angestellte, Partizipation aller Beteiligten des Produktionskreises am Innovations- und Problemlösungsprozess.

Dies führte zu tiefgreifenden Veränderungen in der Arbeitswelt. Arbeitende, die früher kein Teil des Innovationsprozesses waren, wurden nun eingebunden, und ihr kreatives Potenzial wurde genutzt. Durch diese Entwicklung wuchs die Zahl der „Kreativen" in der Wirtschaft beständig. In den USA beispielsweise betrug der Anteil der kreativen Klasse an den Beschäftigten etwa 10 % im Jahr 1900, vergrößerte sich nach einem mäßigen Wachstum bis zu den Jahren 1970–1980 auf 20 % und auf 30 % im Jahre 2000. Auch der starke Anstieg der kreativen Arbeitsplätze Mitte der 1980er Jahre ist zu erkennen.

Die Creative Class

Arbeitende werden aufgrund der Art ihrer Tätigkeit der kreativen Klasse zugeordnet, wobei Menschen aus allen Bereichen der Arbeitswelt der kreativen Klasse zugeordnet werden können, solange der Inhalt ihrer Arbeit einen kreativen Prozess in sich führt. Hierbei unterteilt Florida die kreative Klasse in zwei Gruppen:

Dem **Supercreative Core** gehören diejenigen an, deren Profession und Hauptaufgabe es ist, etwas zu erschaffen und Neues zu produzieren. Diese Innovationen manifestieren sich z. B. in neuen Produkten, optimierten Prozessen oder neuem Gedankengut. Mitglieder des Supercreative Core arbeiten in wissensintensiven Bereichen, z. B. Wissenschaftler, Künstler, Professoren, Lehrende, Designer und auch Unternehmer.

Die zweite Gruppe ist diejenige der **Creative Professionals,** welche sich ebenfalls hauptsächlich mit wissensintensiver Arbeit beschäftigt. Es ist zwar nicht die Hauptaufgabe ihrer Beschäftigung, etwas Neues zu erschaffen, jedoch erfordert ihre Profession eigenständiges Denken und kreative Problemlösungen. Mitglieder dieser Gruppe sind u.a. Anwälte, Manager, Facharbeiter, Ärzte etc.

Die kreative Klasse im Raum

Die individuelle Entscheidung, an einem Ort zu arbeiten und zu leben, ist von vielen Faktoren beeinflusst. Da die kreative Klasse überdurchschnittlich mobil ist, findet oft eine Ballung in besonders attraktiven Regionen statt. Diese Clusterbildung von Humankapital führt zu überdurchschnittlichem Wachstum und Wohlstand, da sie mit der Neuansiedlung von Unternehmen einhergeht.

Um Regionen nach Attraktivität und Potenzial zu analysieren, wurde von Florida das Modell der drei T entwickelt. Dieses setzt sich aus den Indikatoren Technologie, Talent und Toleranz zusammen. Technologie steht hierbei für Innovationen und die Konzentration der Hochtechnologie- und Wissensbranchen in einer Region, quasi die bereits angesiedelte wissensintensive Wirtschaft. Talent stellt das kreative Potenzial dar, bestimmt durch die Anzahl der Angestellten in kreativen Berufen in der Region. Toleranz steht für die Offenheit einer Gesellschaft oder Region, durch welche ein großes Spektrum an verschiedenen Persönlichkeiten angezogen wird, was zu einem hohen Austausch an neuen Ideen führt. Regionen, in denen diese drei Aspekte stark vertreten sind, sind weltoffene, bildungsstarke und mit zukunftsträchtigen Wirtschaftsbranchen ausgestattete Regionen. Als Wachstumsmotoren einer Gesellschaft gehen von ihnen entscheidende Innovationen mit Einfluss auf einen weit größeren Raum aus. Regionen, die sich bereits durch diese Eigenschaften auszeichnen, werden eher hoch qualifizierte Kreative von außerhalb anziehen, da diese Werte für individuelle Entscheidungen eine große Rolle spielen.

3 Die Kreativwirtschaft

3.1 Das Wesen der Kreativwirtschaft

Die Kreativwirtschaft wird als neu abgegrenzter Wirtschaftssektor definiert, dessen Unternehmen mit künstlerischen und kulturellen Gütern sowie künstlerischen Ideen in Verbindung mit technologischer, innovativer und wissenschaftlicher Kreativität primär erwerbswirtschaftlich tätig sind.

Die Kreativwirtschaft wird von vielen Banken und Wirtschaftspartnern immer noch unterschätzt. Da die Kreativwirtschaft viele immaterielle Güter hat, ist es schwerer für diese Partner, sich „Greifbares“ vorzustellen. Zweitens wird die Kreativwirtschaft von vielen Menschen auf den Kulturbereich reduziert. Da in Deutschland die Kultur stark gefördert wird, tun sich viele Partner schwer, die Kreativwirtschaft mit wirtschaftlichem Erfolg zu verbinden. Die Kreativwirtschaft umfasst ein Dutzend Branchen, die alle ihre eigenen Interessen haben und sich noch nicht alle als einen Teil einer ganz großen Kreativwirtschaft sehen. Es sind aber alle Branchen der Kreativwirtschaft miteinander im Dialog, und die Bundesregierung betreibt mit der „Initiative Kultur-und Kreativwirtschaft“ gute Aufklärungsarbeit, in die auch das Unternehmen Kreativwirtschaft eingebunden ist.

> Die Kreativwirtschaft ist seit 2013 Deutschlands größte Branche, vor der Automobilindustrie und vor der Chemieindustrie.

In der Kreativwirtschaft gibt es ca. 1.300.000 Beschäftigte in ca. 28.000 Unternehmen.

Dies ergibt fast fünf Beschäftige pro Unternehmen und widerlegt das verbreitete Vorurteil, in der Kreativwirtschaft gäbe es nur „Einzelkämpfer“. Die Kreativwirtschaft ist sehr mittelständisch strukturiert, da es wenige ganz große Firmen gibt, die den Beschäftigtenschnitt stark heben könnten. Bei Unternehmen mit mehreren Mitarbeitern ist die häufigste Mitarbeiterzahl 50–100 Mitarbeiter je Unternehmen. Daneben gibt es aber durchaus noch einen großen

Anteil von Einzelunternehmen. Die Kreativwirtschaft hat folglich eine gesunde, mittelständische Struktur. Die Bundesregierung hat im Sommer 2013 den Investitionszuschuss Wagniskapital eingeführt, mit dem die 22 zukunftsträchtigsten Branchen in Deutschland mit 20 % der Investorensumme gefördert werden können. Alle Branchen der Kreativwirtschaft gehören zu den 22 zukunftsträchtigen Branchen, die gefördert werden, weil sie Deutschlands Zukunft sichern. Dies wird die Aufmerksamkeit für die und Anerkennung der Kreativwirtschaft enorm und nachhaltig steigern. Beratung und Unterstützung bei der Antragstellung und praktischen Umsetzung gibt es unter www.unternehmen-kreativwirtschaft.de.

> Die Kreativwirtschaft hat vier positive Eigenschaften, die einen wesentlichen Beitrag für eine gesunde Wirtschaft leisten.

1. Das Fundament der Kreativwirtschaft sind kreative Ideen

Kreative Ideen sind das höchste Wirtschaftsgut. Eine kreative Person wird immer wieder neue Ideen haben, die erfolgreich in gute Produkte, erhöhte Umsätze und steigende Gewinne münden können. Eine unkreative Person kann zwar Ideen klauen, muss dies dann aber immer wieder tun, wenn sie keine brauchbaren neuen Ideen entwickelt. Wer sich einmal die Mühe macht, bei aktuellen Insolvenzen nach den Insolvenzgründen zu suchen, wird fast immer mangelnde Ideen als eine wichtige Ursache finden. Es können noch andere Gründe dazukommen, aber oft sehen Unternehmen den Preiskampf als die einzige „kreative“ Idee (Schlecker, Praktiker etc.)

2. Kreativität schafft Wettbewerbsvorteile in allen wirtschaftlichen Funktionen

Fragen Sie einmal Ihre Freunde, an welche Werbespots sie sich erinnern. Es sind fast immer die kreativsten Spots. Kreativität schafft außerdem Sympathie bei den potenziellen Kunden, besonders wenn Kreativität humorvoll umgesetzt wird.

3. Kreative Produkte

Kreative Produkte sind erfolgreicher als unkreative Kreationen. Ein gutes Design spricht viele Käufer an. Dies kann nur mit viel Kreativität entstehen. Kreative Produkte bieten den Kunden viele Nutzungsmöglichkeiten. Die kreative Arbeit eines Unternehmens verbessert dadurch Produkte nachhaltig, und deshalb ist die kreative Arbeit mindestens genauso wichtig wie Ingenieurkunst bei Produktverbesserungen. Ein gutes Beispiel ist die Entwicklung des Handys. Durch kreative Ideen entstanden immer mehr Nutzungsmöglichkeiten, die von den Kunden erfolgreich angenommen wurden und sogar einen eigenen Lifestyle geschaffen haben.

Aus einem Abfallprodukt mit Kreativität einen Verkaufsschlager machen

Ingenieure haben einen Signalisierungskanal zum mobilen Telefon-Rufaufbau entwickelt, um Informationen über Störungen an die Teilnehmer zu senden. Da Störungen weitestgehend vermieden werden sollten, würde dieser Kanal sehr selten genutzt werden und nur technischen Inhalts sein. Der Ingenieur Neil Papworth war kreativ, probierte mit dem technischen Kanal herum und versandte am 3.12.1992 über diesen technischen Rückkanal seine Weihnachtsbotschaft „Merry Christmas". Danach folgten noch viele weitere kreative Ideen von ganz vielen anderen Menschen, was man mit diesem technischen Rückkanal alles machen kann: Texte, Filme, Bilder u.v.m. verschicken. Dieses ehemals technische „Abfallprodukt" wird inzwischen weltweit pro Jahr 8 Milliarden Mal genutzt und ist seit 20 Jahren der größte Gewinnbringer der Telekommunikationsbranche. Herzlichen Glückwunsch, SMS!

4. **Kreativer Vertrieb**

Der kreative Vertrieb ist der letzte Baustein für eine erfolgreiche Kundenansprache.

3.2 Die Branchen der Kreativwirtschaft

Musikindustrie: Musikverlage, Tonträgerfirmen, Musiker, Komponisten, Tonstudios, Musikschulen, Konzertagenturen, Musikmanager, Musiksponsoring, Musikberater, Musiklehrer, Arrangeure, Texter, Orchester, Dirigenten, Filmwirtschaft, TV, IP-TV, Filmproduzenten, Rundfunkwirtschaft, darstellende und bildende Künste

Literatur, Journalisten, Nachrichtenbüros, Museumsshops, Kunstausstellungen

Einzelhandel mit Kulturgütern, Buchhandel, Musikfachhandel, Kunsthandel

Architekturbüros, Design-Wirtschaft, Industriedesign, Kommunikationsdesign

Grafikdesign, Modedesign, Bekleidungsdesign, Farbdesign, Corporate Design

Designmanagement, Fernsehdesign, Fotodesign, Interaktionsdesign, Interface Design, Invention Design, Grafikdesign, Kommunikationsdesign, Game Design, Produktdesign, Industriedesign, Schmuckdesign, Service Design, Sound Design

Universal Design, Automobildesign, Architekturdesign, Werbebranche

Sponsoring, Games, Software …

Die Kreativwirtschaft lässt sich in die folgenden Branchen aufteilen, die auf den folgenden Seiten kurz vorgestellt werden:

[1] Musikindustrie

[2] Filmwirtschaft

[3] Rundfunkwirtschaft

[4] Gruppe der darstellenden und bildenden Künste, Literatur

[5] Journalisten und Nachrichtenbüros

[6] Museen, Museumsshops, Kunstausstellungen

[7] Einzelhandel mit Kulturgütern: Buchhandel, Musikfachhandel, Kunsthandel, Architekturbüros

[8] Design-Wirtschaft

[9] Webebranche inklusive Sonderwerbeformen und Sponsoring in allen Medien

[10] Games

[11] Software und Internet

Musikindustrie

Die Musikbranche war als erste Branche von der digitalen Revolution betroffen und hat durch illegale Downloads große Umsatzeinbußen erlitten. Die wirtschaftliche Talfahrt ist jetzt beendet, und mit Downloads wird immer mehr Geld verdient. Die Musikbranche hat in dem Sinne das Internet kreativ genutzt, dass eine immer stärkere Marktsegmentierung stattfindet. Da die Vertriebskosten von Musik-Downloads geringer sind als der Vertrieb physischer CDs im Handel, lohnt es sich wirtschaftlich, auch kleine Zielgruppen mit speziellen Musikwünschen zu bedienen. Eine zweite, kreative Antwort auf illegale Downloads ist der Ausbau der 360-Grad-Vermarktung. Früher wurde bei einem Sänger hauptsächlich abgeschätzt, wie viele CDs er wohl verkaufen wird. Viele andere Aspekte der Umsatzgenerierung wurden oft nicht beachtet. Bei der 360-Grad-Vermarktung wird analysiert, wie viel Umsatz der Sänger aus allen möglichen Verwertungskanälen generieren kann. Falls ein Sänger leider nur wenige CDs verkauft, kann er dennoch gute Umsätze mit Live-Konzerten erzielen, als Komponist erfolgreich Filmmusik machen und Merchandising-Umsätze erzielen. Es ist dabei entscheidend, dass alle diese Aktivitäten bei Vertragsunterzeichnung bedacht und dann federführend vom Musiklabel geplant und umgesetzt werden.

Filmwirtschaft

Die Filmindustrie konnte von den schlechten Erfahrungen, die die Musikindustrie in den Anfängen des Internets durch illegale Downloads machen musste, lernen. In der Filmwirtschaft werden folgende kreative Konzepte genutzt: Die Filmwirtschaft nutzt kreativ den Vertrieb über neue Medien bis hin zum mobilen Filmgenuss auf Handys. Hier wurde der Vertrieb kreativ gestaltet und die Filminhalte werden den Medienformaten optimal angepasst. Auf der Herstellerseite und in der Filmfinanzierung gibt es auch kreative Elemente durch den Einsatz von Sponsoring, Product-Placement und durch Crowd-Investing, bei dem die Filmfans den Film finanzieren. Auf diese Weise wurde der Film „Hotel Desire" mit 175.000 € finanziert. Produzent war die angesehene Produktionsfirma teamWorx. Der Film wird online für 2,99 € angeboten und erreichte Platz 1 der Videoload-Verkaufscharts. Der Filme wurde zudem im Fernsehen auf Arte gezeigt.

Rundfunkwirtschaft

Ein Radiosender spielt im Schnitt weniger neue Musiktitel, als „Otto Normalverbraucher“ im Haushalt auf CD hat. Auf der anderen Seite gibt es durch Flatrate-Angebote wie www.simfy.de und von anderen legalen Musikanbietern schon für 4,99 € im Monat unbegrenzte Möglichkeiten, seine Lieblingsmusik „rund um die Uhr“ zu hören. Mit Kreativität bemühen sich die Radiosender um ihre Hörer. Sie konzentrieren sich auf ihre Kernkompetenzen: Nachrichten, Servicemeldungen und die kompetente Musikauswahl der professionellen Radiomodertoren, die immer unterhaltsamer werden und als „Showstars“ ihre Hörer an ihren Radiosender binden. Fast alle Radiosender sind mittlerweile optimal mit Internetangeboten verbunden und veranstalten viele Events zur nachhaltigen Kundenbindung.

Gruppe der darstellenden und bildenden Künste, Literatur

Schauspieler müssen sehr kreativ sein, um erfolgreich zu überleben. Dieser ehrenwerte und respektable Beruf wird von vielen Menschen bezüglich seiner Verdienstmöglichkeiten sehr stark überschätzt. Sie halten (fast) alle Schauspieler für Millionäre; es gibt aber unter Schauspielern sehr viele ALG-II-Empfänger, weil nur die Top-Schauspieler gute Gagen bekommen und stark gebucht sind. Unter diesen Umständen ist sehr viel Kreativität gefragt, um erfolgreich überleben zu können. Schauspieler sind gut beraten, sich als Sprecher ein zweites Standbein aufzubauen. Der Hörbuch-Markt ist dabei ein interessantes neues Segment. Schauspieler können außerdem Top-Manager für TV-Auftritte und Vorträge fit machen. Einen weiteren neuen, kreativen Bereich bietet das Unternehmenstheater, bei dem auf Vorträgen, bei Jahreshauptversammlungen etc. die ernsten Ergebnisse fundiert, aber unterhaltsam von Schauspielern zusammengefasst und dargestellt werden.

Journalisten und Nachrichtenbüros

Journalisten haben bisher doppelt unter den neuen Medien gelitten. Für viele Print-Journalisten ist es eine große Umstellung, für Online-Medien zu schreiben, da grundsätzlich ein anderer Stil gefordert ist. Durch das Bloggen und durch Internet Communities halten sich viele Privatpersonen für „Schreibprofis“. Sie besitzen aber nicht das notwendige rechtliche Know-how und die erforderlichen journalistischen Grundlagen. Für professionelle Journalisten bieten Coaching in der Blogger-Szene und verstärkte PR-Arbeit für Unternehmen in den neuen Medien neue kreative Geschäftsmöglichkeiten. Der Bedarf an Ghostwritern, also Journalisten, die für andere Personen in deren Namen schreiben, nimmt ebenfalls zu.

Museen, Museumsshops, Kunstausstellungen

Ein Museum hat das Ziel, Musealien aus zumeist vergangenen Zeiten zu einem bestimmten Thema fachgerecht und dauerhaft aufzubewahren und den Besuchern zugänglich zu machen. Die deutsche Museumslandschaft hat besonders viele Museen, die sich mit der Kreativwirtschaft von Design bis Filmkunst und Fotografie beschäftigen. Es gibt aber auch viele wissenschaftliche Themen, die kreativ aufbereitet werden müssen, um von den Besuchern akzeptiert zu werden. Das beliebteste deutsche Museum ist das Pergamon-Museum in Berlin. Es zeichnet sich durch imposante Rekonstruktionen archäologischer Bauensembles aus. Die Besucher können praktisch in vergangene Zeiten eintauchen. Das ist nur mit Kreativität und starker Kundenorientierung möglich.

Einzelhandel mit Kulturgütern: Buchhandel, Musikfachhandel, Kunsthandel, Architekturbüros

Einzelhändler in diesen Bereichen müssen sehr kreativ sein, weil ihre Produkte nicht für den täglichen Bedarf nötig sind. Die Kaufimpulse sind am stärksten in der unmittelbaren Umgebung der Kunst, also im Museum selber. Der Onlinehandel kann ergänzend genutzt werden, auch um auswärtige Käufer in den Shop zu locken. Es ist dabei sehr viel Kreativität gefragt, wie potenzielle Kunden zum Museums- und Shop-Besuch animiert werden können. Ein gutes Praxisbeispiel ist die Internetpräsenz des Deutschen Museums in München. Es stehen Podcasts und PDF-Texte zum Download zur Verfügung, und die Internet-Besucher bekommen Lust auf einen realen Museumsbesuch.

Große Hallen ausverkauft und das ein Jahr im Voraus.

Ein Rockkonzert der Rolling Stones? Nein – ein Live-Hörspiel der „Drei ???“.

Diese bekannte Hörspielreihe gibt es nicht nur als Computer- und Konsolenspiel, Handyspiele und Verfilmungen, sondern auch als Live–Hörspiel-Event. Das ist kreative, crossmediale Vermarktung. Die Serie wurde durch den Autor Robert Arthur in den 1960er Jahren geschaffen. Es gelang ihm ein toller Marketingtrick: Weil er Alfred Hitchcock gut kannte, erwarb er seine Namensrechte und wurde mit diesem Markenzeichen weltberühmt, obwohl Alfred Hitchcock nie als Autor oder Herausgeber für diese Serie tätig war. Das ist kreatives Marketing.

Design-Wirtschaft

Design verbindet Kunst und Wirtschaft auf ideale Weise. Auf Designer kommen in den neuen Medien immer neue Herausforderungen zu. Früher galt sehr stark die Losung „Form follows function", wobei sich das Design der Funktion unterordnen musste. Bei „Function follows form" bekommt das Design eine führende Rolle, weil sich die Funktionen stark am (benutzerfreundlichen) Design orientieren. Design wird ein immer stärkeres Element der Markenkommunikation und gewinnt auch immer mehr an Bedeutung bei Events. Designer müssen extrem kreativ sein, nicht nur im Gestalterischen, sondern auch bei der Einbindung der gewünschten Produkteigenschaften.

Werbebranche inklusive Sonderwerbeformen und Sponsoring in allen Medien

Die Bedeutung von Sponsoring nimmt immer mehr zu, weil potenzielle Kunden emotionale Markenerlebnisse bekommen. Sponsoring hat eine große Akzeptanz und erreicht Konsumenten in nicht werblichen Situationen bei Events aus den Bereichen Kultur, Sport, aber auch Bildung. Die Zielgruppen werden mit Sponsoring sehr genau erreicht, und es gibt eine hohe Kontaktfähigkeit. Sponsoring lebt sehr stark von der Gestaltung emotionaler Erlebniswelten. Das geht nur mit sehr viel Kreativität.

Games

Computerspiele haben von allen Medien die rasanteste und kreativste Entwicklung vorzuweisen. In der wirtschaftlichen Bedeutung haben Games die Filmindustrie überholt. Mit starker Kreativität gab es inhaltlich und künstlerisch eine ebenso beeindruckende Entwicklung. Von der Games-Entwicklerszene können sich andere Branchen der Kreativwirtschaft das gute Teamwork abgucken. An einem guten Computerspiel wirken interdisziplinär mit: Developer, Game Designer, Produzent, Autor, Grafikdesigner, Programmierer, Level-Designer, Tongestalter, Musiker und Spieletester. Das ist eine enorme Konzentration an Kreativität. Die Games-Branche hat sich auch durch starke Kundenorientierung und kreatives Marketing hervorgetan. Aus einstigen „Ballerspielen" haben sich vielfältige Spiele für jedes Alter, aber auch sehr interessante „Bildungsprogramme" entwickelt.

Software und Internet

Die Softwarebranche ist finanziell einer der wichtigsten Wirtschaftsfaktoren innerhalb der Kreativwirtschaft. Viele Menschen denken gar nicht daran, dass die Software auch zur Kreativwirtschaft gehört, und sehen Software eher als handwerklich an. Das Internet ist ein starkes Bindeglied zwischen allen Branchen der Kreativwirtschaft. So gibt es Games z. B. auch als Internet Browser Games. Das Internet hat die Musikindustrie vor große Herausforderungen gestellt, hilft aber auch stark bei der Vermarktung von Kunst- oder Kultur-Events.

3.3 Learnings von der Kreativwirtschaft

Die Kreativwirtschaft ist nicht nur Deutschlands größter Wirtschaftszweig, sondern andere Branchen können auch viel von ihr lernen. In den meisten Branchen sind Produkte ersetzbar. Die Unterscheidung findet dann nur über den Preis statt. Wenn Sie eine bestimmte Schraube in einer bestimmten Größe suchen, gibt es diverse Hersteller, und Sie werden wahrscheinlich den günstigsten Hersteller wählen. CDs können auch diverse Firmen herstellen – die darauf enthaltene Musik macht aber den Unterschied, ob die CD gekauft wird oder nicht. Content is king – der Inhalt entscheidet über den Erfolg des Produkts. Dies ist eine weitere Dimension der Produkte oder Dienstleistungen in der Kreativwirtschaft. Bei den folgenden konkreten wirtschaftlichen Anforderungen können andere Branchen von der Kreativwirtschaft lernen:

Alleinstellungsmerkmal

Jeder Musikliebhaber weiß, dass Stars unser Leben bereichern. Millionen Menschen gehen jährlich in Konzerte, und der Markt mit Merchandising boomt. Es gibt tausende gute Rockbands. Warum warten Rolling-Stones-Fans ungeduldig jahrelang auf ein Konzert ihrer Idole, fahren Hunderte von Kilometern und geben viel Geld für eine begehrte Karte aus? Die Antwort ist, dass die Rolling Stones ein absolutes Alleinstellungsmerkmal haben. In der Innovationsberatung zaudern Mandanten oft, weil sie doch keine „Rolling Stones" sind. Jeder Unternehmer ist durch seine individuelle Ausbildung, seinen Charakter und seinen persönlichen Werdegang einzigartig. In der Kreativwirtschaft ist dies definitiv der Schlüssel zum Erfolg. Wenn Sie zur Mittagszeit zehn Dönerbuden zur Auswahl haben, werden Sie wenige fundamentale Unterschiede finden. Der Döner wird meistens zentral angeliefert, ist überall sehr lecker und die Portionen sind meistens gleich groß. Wenn Sie zehn Werbeagenturen einen Auftrag versprechen und um eine Lösung für Ihr Kommunikationsproblem lösen, werden sie sehr wahrscheinlich zehn komplett unterschiedliche kreative Lösungen für Ihr Problem bekommen. Jede Werbeagentur hat damit schon ein starkes Alleinstellungsmerkmal. Wenn zusätzlich noch kreatives Marketing, Vertrieb und PR gemacht werden, kann die Werbeagentur zum „Star" werden. Eine Dönerbude kann eine kreative Differenzierung zum Wettbewerb versuchen, indem weitere Speisen angeboten werden, ein Internet Café, eine Verbindung mit einem Café etc. Dies wird auch in der Praxis erfolgreich umgesetzt, aber leider immer noch zu selten, was zu ruinösen Preiskämpfen führen kann. Ein gutes Alleinstellungsmerkmal schafft und sichert nachhaltig profitable Marktanteile.

Kundenorientierte Problemlösungen

Beobachten Sie einmal ein typisches Verkaufsgespräch bei einem Autohändler. Da werden engagiert die oft sehr technischen Produktvorteile aus dem Katalog standardisiert angeboten. Die Kunden haben aber ganz andere Probleme als „PS-Fetischismus". Die Ehefrau will ein sparsames und günstiges Auto, weil sie durch tägliche Einkäufe weiß, wie teuer die sonstigen Lebenshaltungskosten sind. Der Ehemann möchte Status, auf keinen Fall ein kleineres Auto als sein Nachbar oder seine Arbeitskollegen. Die Kinder sind an integrierten DVD-Spielern oder iPod-Anschluss interessiert. Sind das nicht alles altmodische Klischees? Nein, dieses Käuferverhalten ist in vielen Studien erforscht worden. Viele junge Menschen legen neuerdings überhaupt keinen Wert mehr auf ein Auto, besonders in den Städten. Bei diesem Verhalten zeigt sich, welches Kernproblem ein Auto lösen kann; nämlich von „A“ nach „B“ zu kommen. Dies geht auch mit Bus, Bahn und, wie die Automobilindustrie kreativ erkannt, hat mit „Car to go“-, „Drive now“- und Carsharing-Konzepten.

Individualität

Die gesamte Kreativwirtschaft ist auf Individualität ausgerichtet. Das betrifft den Umgang mit Kunden und die eigene Positionierung in Abgrenzung zum Wettbewerb. „Da bin ich nicht zuständig“, „das ist nicht vorgesehen“, „das geht nicht“ – solche kundenfeindlichen Floskeln werden Sie in der Kreativwirtschaft nicht finden. Kreative Personen sind sehr individuell, und diese Wesenszüge übertragen sich auf individuelle Produkte, individuelles, zielgruppenspezifisches Marketing, Vertrieb und individuelle Verkaufsgespräche. Das können sich alle Branchen abgucken und umsetzen. Es gibt ja auch schon erste erfolgsversprechende Ansätze individueller Kundenansprache.

Interdisziplinäre Zusammenarbeit

In vielen Firmen außerhalb der Kreativwirtschaft (und manchmal auch noch innerhalb der Kreativwirtschaft) klappt die interdisziplinäre Zusammenarbeit noch nicht optimal. In der Innovationsberatung können die Erfahrungen aus der Kreativwirtschaft sehr effizient und praxisnah umgesetzt werden. Die Games-Branche ist dafür ein gutes Vorbild. Von der Software-Branche kann man sich abschauen, wie Technik, Kundenanforderungen und Marketing optimal zusammengebracht werden. Die Musikbranche als Macher von „Stars“ ist ein gutes Beispiel dafür, wie im Marketing alle Abteilungen an einem Strang ziehen, um einen Hit zu landen. Das Unternehmen Kreativwirtschaft setzt alle Erfahrungen aus der Kreativwirtschaft im Innovationsmanagement für alle Branchen um.

Einbindung der Kunden bei der Entwicklung

Ein hoher Kundennutzen ist der Schlüssel zum Erfolg für jedes Unternehmen. Der Kunde zahlt nur für einen Nutzen, und je höher der Nutzen ist, desto mehr ist er bereit, zu zahlen. Der Kunde finanziert Ihr Leben als Unternehmer! Das ist doch selbstverständlich, meinen viele Unternehmer. Versuchen Sie aber einmal, im Restaurant die Beilage zu ändern oder draußen im Café eine Tasse Kaffee statt eines Kännchens zu bestellen. Das ist oft noch Realität, und auf einmal sollen Kunden bei der Innovationsentwicklung und Produktgestaltung mitwirken? Ja, das müssen sie, damit Unternehmen den Kundennutzen optimal erfassen können. In der Musikbranche sind die Kunden seit Jahrzehnten eingebunden. Das Kundenbindungstool nennt sich Fanclub und in der modernen Form Community. In der Games-Branche findet eine starke Einbindung der Kunden statt, und bei der Software-Entwicklung hat sich dieses Vorgehen ebenfalls etabliert. Davon können alle anderen Branchen lernen.

Kundenbindung zwecks nachhaltiger Partnerschaft

Wenn alle oben genannten Anforderungen optimal umgesetzt werden, gibt es eine gute Basis für eine nachhaltige Kundenbindung. Viele Menschen sind seit 1955 Beatles-Fans (obwohl das Produkt „Beatles“ keine neuen Veröffentlichungen herausbringt) oder seit über 40 Jahren Maffay-Fans, obwohl dieser „sein musikalisches Produkt“ im Jahr 1982 von Schlager in Rock geändert hat. Wie ist dies möglich, zumal die Musikindustrie als sehr schnelllebig mit vielen „Eintagsfliegen“ angesehen wird? Bei den oben genannten Beispielen spielen persönliche positive Erlebnisse eine große Rolle, und die Produkte „Beatles“ und „Peter Maffay“ sind emotional sehr stark positiv aufgeladen. Mit Erfahrungen aus der Kreativwirtschaft ist es gut möglich, diese positiven Emotionen auch auf andere Branchen zu übertragen. Dies geschieht in der Praxis z. B. durch Sponsoring, was auch zur Kreativwirtschaft zählt.

3.4 Die Zukunft der Kreativwirtschaft

Die Kreativwirtschaft hat eine sehr gute Zukunft vor sich, auch wenn sie sehr häufig vor neuen technischen, gesellschaftlichen und kreativen Herausforderungen steht. Es ist bezeichnend, dass bei den 22 zukunftsträchtigen Branchen alle Branchen der Kreativwirtschaft vertreten sind. Zu den oben genannten positiven Impulsen aus der Kreativwirtschaft kommen noch finanzielle Förderungen durch den Innovationszuschuss Wagniskapital. Die Kreativwirtschaft sichert Arbeitsplätze und Know-how in Deutschland und ist mit Kreativität in allen Bereichen gut im internationalen Wettbewerb aufgestellt. Die Branchen „Werbung“ und „Sponsoring“ geben wesentliche wirtschaftliche Impulse für alle Branchen.

Es empfiehlt sich auch für andere Branchen, Elemente aus der Kreativwirtschaft auf ihre Branche zu übertragen. Es ist ganz wichtig, dass von allen Unternehmen akzeptiert und gelebt wird, dass Kreativität Raum zum Nachdenken braucht. Kreativität braucht Zeit und kostet Geld. Auf der anderen Seite schafft Kreativität einmalige Kunstwerke in der Kreativwirtschaft. Das ist dann ein einmaliges Alleinstellungsmerkmal mit großer Wirtschaftskraft.

4 Das kreative Unternehmen in allen Branchen erfolgreich umsetzen

4.1 Voraussetzungen für das kreative Unternehmen

Organisatorisch, personell, fachlich

Die Organisation bietet den Rahmen für Innovationsmanagement:

Strategie

Zur Innovationsstrategie gehören: Plan (Handlungsabsicht), Ploy (Manöver zwecks Bezwingung eines Gegners), Pattern (widerspruchsfreies Verhaltensmuster), Position (Positionierung einer Organisation in ihrer Umwelt), Perspektive (Sichtweise und Interpretation der Welt).

Unternehmenskultur

Die Unternehmenskultur wird über das Image nach außen transportiert. Die Identifikation mit dem Unternehmen wird durch das Zusammengehörigkeitsgefühl der Mitarbeiter sichtbar. Die Teamideologien, offene Kommunikation, Prägnanz, Verankerungsstufe, Resistenz und Verbreitungsgrad bestimmen die Unternehmenskultur.

Personal

Das Personal spielt eine sehr wichtige Schlüsselrolle bei der Umsetzung von Innovationen. Hier entstehen die innovativen Ideen für Innovationsmanagement. Es muss daher alles getan werden, das Personal kreativ und praxisnah zu aktivieren. Zweitens muss das Personal so motiviert werden, damit es sich wegen der Innovationen fortbildet. Und drittens muss das Personal die personellen Folgen der Innovationen tragen.

Budget

Das Innovationsbudget wird bestimmt durch die langfristigen Unternehmensziele und durch die aggregierte Nachfrage der erfolgsversprechenden Projekte sowie eine Benchmarking-Analyse der Konkurrenten. Es ist sehr schwierig, die Höhe des Innovationsbudgets zu bestimmen, weil es bei Innovationen sehr viele Unwägbarkeiten gibt.

Netzwerkkooperationen

Ein wichtiger Punkt in der Innovationsberatung ist praxisnahes Networking, wobei es dabei auf die folgenden Elemente ankommt: Es besteht eine gemeinsame Zielvorstellung für das Netzwerk, die Kooperationen sind langfristig angelegt und es existiert eine „Network-Identity" für das System. Als Innovationsberater ist es eine wesentliche Aufgabe, bei Netzwerkkooperationen strategisch zu unterstützen und diese praxisnah einzufädeln.

Wo kommen die Innovationen her? Man unterscheidet Market Pull, bei der die Initiative vom Markt ausgeht, von Market Push, bei dem das Unternehmen von sich aus Innovationen anschiebt. Bei Market Pull müssen kreative Unternehmen daher den Markt sehr genau beobachten, um ihren Innovationsbedarf zu sehen. Der zweite Weg, Market Push, wird heute und in Zukunft immer wichtiger, weil innovative Unternehmen dann einen höheren strategischen Vorteil haben, wenn sie sich rechtzeitig um Innovationen kümmern, da der technische Fortschritt immer schneller wird und die Märkte sich immer rasanter weiterentwickeln.

Es wird noch ausführlich erläutert, dass Kreativität und Innovationsmanagement alle Bereiche eines Unternehmens umfassen und sogar darüber hinausgehen müssen. Daher sind Offenheit gegenüber neuen Ideen und ein partnerschaftlicher Führungsstil vorteilhaft.

Die Kreativität muss im Unternehmen langfristig und nachhaltig als Motor für Innovationen gefördert werden. In der Praxis denken Unternehmen oft an Kreativität, wenn sie wirtschaftliche Herausforderungen zu lösen haben. In den dann folgenden, wirtschaftlich guten Zeiten lässt das Engagement leider oft nach.

4.2 Erfolgreiche Implementierung des kreativen Unternehmens

Die Stufen der Implementierung sind:

[1] Identifikation und Organisation der Ideen

[2] Anfertigung einer Liste verfügbarer Methoden und Techniken

[3] Anlegen einer Kriterienliste, um eine bestimmte Methode auszuwählen

[4] Auswahl der passenden Methode

[5] Umsetzung der Methode

[6] Ideenauswahl

[7] Ideenumsetzung

Als Innovationsberater ist man darauf angewiesen, dass der Mandant mit allen Mitarbeitern offen für Innovationen ist. Innovationen können nur im Teamwork erfolgreich umgesetzt werden. Der Innovationsberater muss strategisch alle wesentlichen Bereiche im Blick haben und trotzdem Informationen von seinem Mandanten aufnehmen, zu Verbesserungen anregen und diese praxisnah umsetzen. Er hat dabei auf die folgenden Bereiche zu achten:

Programminnovationen

Dies ist z. B. die Einführung eines neuen Produktes, welches hoffentlich vom Kunden gut aufgenommen wird. Hier gibt es viele Hilfestellungsmöglichkeiten durch Innovationsberater.

Technische Innovationen

Technische Innovationen brauchen einen Vorlauf, sollten sich aber sehr stark an den Bedürfnissen der Kunden und an den Programminnovationen orientieren. Die technischen Innovationen sollen kein Selbstzweck sein, sondern zur Lösung der Programminnovationen beitragen.

Organisatorische Innovationen

Hierunter fallen Personalmanagement, Mitarbeiterbeziehungen, Lernorganisationen, Qualitätsmanagement etc.

Innovationen auf Managerebene

Hier geht es um bessere Beziehungen zwischen Managern und Untergebenen. Die Angestellten sollen angeregt und ermutigt werden, durch optimierte Arbeitsorganisation zu einer kollektiven Quelle für Innovationen zu werden.

Methodische Innovationen

Hier werden neue Innovations- und Kooperationsmethoden umgesetzt.

4.3 Handlungsempfehlungen

> Aus vielfältigen Erfahrungen in der Verbindung Unternehmensberatung und strategisches Innovationsmanagement ergeben sich abschließend die folgenden Handlungsempfehlungen:

1) Strategisches Innovationsmanagement ist unabdinglich für Ihr wirtschaftliches Überleben.

Es ist keine Frage, ob Sie Innovationsmanagement betreiben sollten oder nicht, sondern nur, wie Sie es am besten machen. Das Innovationsklima wird sehr stark von Elementen außerhalb Ihrer Firma beeinflusst. Bei „Closed Innovation“-Projekten nutzen Unternehmen sehr stark ihre intern vorhandenen Kapazitäten und Ressourcen zur Projektumsetzung. Externe Innovationsmanager können die Ressourcen neu und neutral bewerten, was gute Möglichkeiten zur Leistungssteigerung ergibt. Bei „Open Innovation“-Projekten wird versucht, neben internen Kapazitäten auch möglichst viele externe Ressourcen in ein Innovationsprojekt einzubinden. Dies bringt neue Erkenntnisse und praxisnahe, umsetzbare Partnerschaften. In diesen Fällen kann ein externer Innovationsmanager mit einem großen, innovativen Netzwerk neue Impulse setzen und dadurch mit dem Unternehmer gemeinsam Wettbewerbsvorteile erzielen.

2) Strategisches Innovationsmanagement kann nur ganzheitlich funktionieren

Diesen Punkt kann man gar nicht oft genug herausstellen. In der Praxis meinen viele Geschäftsführer, dass ihre innovativen Visionen voll Begeisterung von allen Mitarbeitern umgesetzt werden. Dies ist leider meistens nicht der Fall. Der Mensch ist ein Gewohnheitstier und tut sich mit Neuerungen schwer. Dazu kommen noch subjektive Gründe, wie Angst vor dem Wegfall des eigenen Arbeitsplatzes oder vor dem Verlust von Macht und Einfluss. Zum ganzheitlichen Konzept gehört auch die Einbindung aller Beteiligten, um realistisch und praxisnah planen zu können. Mitarbeiter müssen sich fortbilden und kreativ einbringen. Eine optimale, innovationsfördernde Organisationsstruktur erleichtert die Umsetzung.

3) Die Kreativwirtschaft bietet viele Vorbilder für strategisches Innovationsmanagement

> Die Kreativwirtschaft lebt von Innovationen.
>
> Dies wird noch einmal besonders deutlich, da unter den 22 zukunftsträchtigsten Branchen Deutschlands die gesamte Kreativwirtschaft vertreten ist.

Die Kreativwirtschaft lebt sehr stark von immateriellen Gütern wie Musik, Theaterstücken, Buchinhalten etc. und ist immer inhaltsbezogen. **„Content is king“.** Guter Content kann nur mit Kreativität geschaffen werden. Dies ist eine weitere Dimension als nur reine Produktqualität. Auf diesem Nährboden entstehen dann auch technisch viele Innovationen. Es ist daher kein Zufall, dass die Musikbranche einen starken Beitrag zur erfolgreichen Entwicklung des Internets beisteuert.

4) Der Blick von außen ist sehr wertvoll

Innovationen werden durch zwei Tatsachen behindert. Jeder Unternehmer ist ständig sehr stark in seinem Tagesgeschäft eingebunden. Es ist daher sehr schwer, regelmäßig und konsequent an Innovationen zu denken. Innovationsmanagement macht sehr viel Arbeit und leider muss immer erst investiert werden, bevor die Innovationen Gewinn bringen. Zweitens ist es für jeden Unternehmer sehr schwer, sich selber bezüglich seines Innovationsstandes neutral zu bewerten und daraus die richtigen Schlussfolgerungen zu ziehen. Diese Schlussfolgerungen dann noch alleine gut und schnell umzusetzen, ist eine weitere Hürde. Als externer Innovationsberater kann man diese Arbeiten leisten und die zusätzliche Arbeit belastet weder die Geschäftsleitung noch das Stammpersonal. Der Blick von außen muss immer auch ein Blick aus Kundenperspektive sein, denn Kunden wollen Lösungen für ihre Probleme und nicht unbedingt Innovationen.

4.4 Best Practice Unternehmenskreativität

Erfolgsgeschichten kreativer Unternehmen

Google

1993 brachte der erste grafikfähige Webbrowser „Mosaic“ den Durchbruch des Internets. Es gab immer mehr Internetadressen, und am Anfang suchte man die Internetadressen in „Webverzeichnis-Büchern“ oder probierte herum. Am 27.9.1998 ging dann die Suchmaschine Google online. Ihr einfaches, aber erfolgreiches innovatives Konzept ist, dafür zu sorgen, dass Sie die gewünschten Internetseiten besser finden. Google hat ein simples Design und ist einfach zu bedienen. Dies ist auch Innovation. Das Verb „googeln“ wurde 2004 in den Rechtschreib-Duden aufgenommen und zeigt auch dadurch die große Bedeutung, die Google für unser Leben hat, auch wenn es noch viele andere Suchmaschinen gibt. Hier verbinden sich technische Innovationen mit Dienstleistungsinnovationen, die auf einem starken Kundennutzen basieren.

Fielmann

1972 sendet die Raumsonde Mariner 9 erstmals Bilder vom Mars, die letzte Mondmission Apollo 17 wird durchgeführt und die erste Spielkonsole, Magnavox Odyssey, kommt in Deutschland auf den Markt. Diese Innovationen bieten enorme Vielfalt – nur Deutschlands Brillenträger müssen sich 1972 mit sechs Kunststoff-Fassungen begnügen, wenn sie eine Kassenbrille wollen. Das wollte Günther Fielmann ändern und gründete in Cuxhaven ein Augenoptik-Fachgeschäft. 1981 schloss er mit der AOK Essen einen Vertrag und schuf Brillengestelle in 640 Varianten ohne Zuzahlung. Diese innovative Dienstleistung hat Deutschlands „Gesicht" verändert und ist ein gutes Beispiel dafür, wie innovative Dienstleistungen eine ganze Branche verändern können.

Ikea

1943 machte sich ein 17-jähriger Jungunternehmer auf dem elterlichen Bauernhof Elmtaryd selbstständig und verkaufte diverse Konsumgüter von Streichhölzern bis Nylonstrümpfe. Dann kam er auf die Idee, auch Möbel zu verkaufen. Auf den ersten Blick klingt das unrealistisch, weil weit und breit keine Stadt mit potenziellen Kunden zu finden ist. Der junge Ingvar sah aber auch, dass die Bauern in seiner Umgebung keine Möglichkeiten hatten, Möbel zu kaufen. Da kam er auf die Idee, die Möbel per Versand zu verkaufen, was die Kosten vom Hersteller bis zu den Kunden niedrig hält. Er hatte außerdem die innovative Idee, nicht nur die Möbel als einzelne Objekte zu zeigen, sondern als Teil eines gesamten, fertig eingerichteten Zimmers. So wurden die Kunden sehr stark motiviert, Möbel zu bestellen, weil sie sehen konnten, wie toll alles später im Zimmer aussehen würde. Auf diese Art wird auch mehr gekauft, weil immer neue Möbel und Accessoires dazukommen. Ingvar verschickte die Möbel außerdem als Bausatz, um Montage- und Versandkosten zu sparen. Die Bauern waren handwerklich sehr geschickt und sein Konzept wurde von Anfang an gut akzeptiert. IKEA war geboren, und trotz vieler Innovationen hat sich an dem Konzept bis heute nichts geändert.

Bertelsmann

Im Jahr 1950 absolviert die „Lockheed Super Constellation", ein viermotoriges Propellerflugzeug, ihren Erstflug und Otto Grotewohl, Ministerpräsident der DDR, schlägt Konrad Adenauer, Bundeskanzler der Bundesrepublik Deutschland, die Bildung eines Gesamtdeutschen Rates vor. Es ist ein turbulentes „Nachkriegsjahr". Zu dieser Zeit gab es Bücher nur im traditionellen Buchhandel mit Buchpreisbindung. Viele Deutsche wollten Bücher lesen, es gab aber immer noch große Lücken im stationären Buchhandel. Diese Marktlücke nutzte Reinhard Mohn und bot Bücher im Direktversand an. Er nutzte eine legale Lücke, die Buchpreisbindung zu umgehen, und durch den Buchclub-Charakter waren die Kunden verpflichtet, mindestens ein Produkt pro Quartal zu kaufen. Dies war der Grundstein für den Bertelsmann-Konzern, Europas größten Medienkonzern. Hier wurden starke Dienstleistungsinnovationen genutzt. Bertelsmann bietet viele weitere Beispiele von erfolgreichem Innovationsmanagement.

Fazit Best Practice

Es gibt sehr viele Innovationen im Dienstleistungsbereich. Dies ist sicher für alle überraschend, die Innovationen bisher nur technisch betrachtet haben. Wenn dazu dann noch technische Innovationen mit starkem Kundennutzen kommen, ergibt sich ein starkes Leistungspaket. Alle genannten Beispiele haben gemeinsam, dass sie, neben aktivem Innovationsmanagement, lernende Organisationen sind, sich also auch ständig in kleinen Schritten verändern. Die zweite Gemeinsamkeit ist, dass sie ihrem Firmenkern treu bleiben und sich nicht verzetteln. Ikea wird z.B. nicht sein Montagekonzept ändern, Google wird eine einfache, intuitiv zu bedienende Suchmaschine bleiben.

4.5 Existenzgründer von kreativen Unternehmen

Grundsätze

Existenzgründer brauchen Innovationen, um sich erfolgreich am Markt zu etablieren. Sie sind deshalb besonders offen dafür, eine innovationsfreudige Organisationsstruktur aufzubauen und Innovationen konsequent umzusetzen. Dies gilt für die Entwicklung der angebotenen Produkte, aber auch besonders für die Umsetzung innovativer Dienstleistungen. Für Existenzgründer ist die Beauftragung eines Innovationsmanagers sehr sinnvoll, am besten in Kombination mit Gründercoaching. Die Anforderungen sind anders als bei etablierten Unternehmen. Existenzgründer haben den Vorteil, ohne organisatorische Zwänge und Angewohnheiten Innovationen praxisnah umsetzen zu können. Auf der anderen Seite haben sie noch weniger Erfahrung als etablierte Unternehmen und ihre Kunden können Innovationen nicht so stark wahrnehmen, weil sie noch keine Vergleichsmöglichkeiten zu früheren Dienstleistungen des Gründers haben. Es findet aber ein Vergleich mit anderen Wettbewerbern statt.

Innovationen als Basis für Existenzgründungen

In der Praxis werden viele Firmen gegründet, weil eine neue Erfindung oder eine Innovation vorhanden ist und diese nun zu einem tragfähigen Geschäftsmodell ausgebaut werden soll. Diese Gründer stehen vor der Herausforderung, so fundiert wie möglich herauszufinden, ob ihre Innovation von den Kunden angenommen wird und ob die Kunden einen so hohen Kundennutzen sehen, dass sie bereit sind, dafür zu zahlen. In der Praxis sind viele Gründer zu technisch fokussiert. Sie sehen eine tolle, neue Technik, haben aber noch keine konkrete Vorstellung, wie man daraus tragfähige Geschäftsmodelle schaffen kann. Es gibt viele Beispiele, besonders bei Software- und Internet-Gründungen. In praxisnahen Workshops können dann Kundenbedürfnisse in Kombination mit einer kleinen Markterkundung „104 im Quartier" erarbeitet und entsprechende Geschäftsmodelle umgesetzt werden. Es ist ratsam, einige alternative Geschäftsmodelle zu erarbeiten, damit nicht die ganze Firmengründung von der Akzeptanz der Innovation abhängt. Bei Produktinnovationen kann dies bedeuten, dass die Kunden die Innovation zwar schön finden, aber den Kundennutzen als zu gering sehen oder ein Geschäftsmodell ablehnen. Man braucht sehr viel Erfahrung, um dann ein tragfähiges, praxisnahes Konzept zu erstellen. Bei Dienstleistungsinnovationen besteht die Gefahr, dass die Innovationen nicht angenommen werden. Es gibt bei Firmenneugründungen ja noch keine stabile Kundenbasis. Daher ist es ratsam, auch hier diverse Geschäftsmodelle zu entwickeln, damit am Ende zumindest ein tragfähiges Konzept bestehen bleibt. Dienstleistungsinnovationen in der Kreativwirtschaft werden sehr oft von Event-Veranstaltern entwickelt, aber auch Künstler schaffen innovative Kombinationen ihrer Fähigkeiten, die sie dann als neue Geschäftsmodelle vermarkten wollen.

Innovationen für ein schnelles Marktwachstum

In diesen Fällen hat ein Gründer den Markt erfolgreich erobert, die Umsätze stagnieren aber meistens, weil der Gründer nicht genügend Kraft hat, seinen Wettbewerben fundamental Marktanteile abzuringen. Dies geht nur durch Innovationen, welche den Kunden einen größeren Nutzen bringen. In dieser Phase braucht der Gründer oft frisches Kapital, um seine Innovationen zu finanzieren. In der Praxis tritt diese Phase meistens im zweiten oder dritten Jahr der Gründung auf.

Innovationen, um sich vom Wettbewerb abzusetzen

Dies ist eine Daueraufgabe für jeden Gründer. Es ist empfehlenswert, ein entsprechendes Innovationskonzept gleich im Businessplan zu verankern. Existenzgründer haben eine bessere Ausganglage für die erfolgreiche Umsetzung von Innovationen, weil sie noch flexibler sind als etablierte Unternehmen. Diese Phase tritt oft im vierten oder fünften Jahr der Gründung auf. Eine ständige Innovationskultur ist außerdem besser als wenn es zu einem „Innovationsstau“ mit dann erheblich höheren Kosten, Organisationsaufwand und personellen Umstellungen kommt. Diese ständige Innovation kommt dann einer lernenden Organisation schon sehr nahe.

Fazit

Innovationen bei Existenzgründungen:

Innovationen sind für Existenzgründer besonders wichtig. In der Praxis werden diese beiden Disziplinen leider noch zu oft isoliert angesehen. Es wird nach dem Motto verfahren, gründe erst einmal deine Firma und dann sehen wir weiter. Innovationen werden meistens erst dann eingeführt, wenn sie wirklich spürbar nötig werden, weil die Wettbewerber immer größere Marktanteile gewinnen. Diese Innovationslücke ist sehr schwer zu schließen, weil das betroffene Unternehmen dann alles zur gleichen Zeit machen und finanzieren muss. In dem Moment, in dem der Geschäftsführer sich intensiv mit Innovationsmanagement auseinandersetzt, kann er nicht verkaufen und konkret neue Kunden gewinnen. Die werden dann später kommen. Innovationen kosten auch Geld. Sie sind besser zu finanzieren, wenn ein Unternehmen Rücklagen hat oder steigende Gewinne verzeichnet. In einer Krise mit sinkenden Umsätzen wird es schwer.

4.6 Fazit: Das kreative Unternehmen

Am Anfang des Buches steht, dass die Herausforderungen der Zukunft nur mit gelebter Kreativität erfolgreich bewältigt werden können. Es wurden dann diverse Beispiele praxisnah erörtert und viele Fakten für ein kreatives Unternehmen geliefert.

Als Fazit bleibt, dass nur kreative Unternehmen erfolgreich sein können. Es ist egal, wie groß oder klein, wie alt oder wie jung das Unternehmen ist.

Innovationsmanagement kann nur ganzheitlich und firmenübergreifend erfolgen. Es hilft dabei ein kritischer, kreativer Blick von außen.

Innovationsmanagement ist eine wichtige Aufgabe, die permanent und umfassend ausgeführt werden muss. Das Anliegen dieses Buches ist, eine praxisnahe Brücke zu bauen zwischen allgemeiner Kreativität und sehr operativem Projektmanagement.

Als engagierte Berater in der Kreativwirtschaft anderen Branchen die Fehler der Kreativwirtschaft zu ersparen und aus den guten Dingen zu lernen, ist mein Ansatz. Ich habe sehr viel Hochachtung vor allen Branchen in der Wirtschaft und weiß, dass es in jeder Branche viele kreative, engagierte Menschen gibt. Ich wünsche mir, dass auch Sie neue Anregungen bekommen haben und dass die beschriebenen Systematiken hilfreich sind.

Allen bisher skeptischen, nicht kreativen und innovativen Unternehmern wünsche ich, dass sie einige Argumente teilen können und in Zukunft Lust bekommen, Elemente meines Buches umzusetzen. Bitte bedenken Sie, dass Innovationsmanagement nie fertig sein kann. Dies ist eine Basis für konstruktive Dialoge. Mein Herz gehört dem Innovationsmanagement und der Kreativwirtschaft. Ich danke allen von mir betreuten Firmen für ihr Vertrauen und ihr

Engagement. Lassen Sie uns gemeinsam die Welt jeden Tag etwas innovativer und kreativer machen. Gemeinsam schaffen wir das.

Mit kreativen Grüßen,

Andreas Bode

Business Angel Kreativwirtschaft

5 Service

5.1 Glossar

Betriebliches Vorschlagswesen

Betriebliches Vorschlagswesen bedeutet die systematische Sammlung von Ideen zur Verbesserung. Die Fortentwicklung ist das moderne Ideenmanagement, welches sich durch den kontinuierlichen Verbesserungsprozess entwickelt hat.

Dienstleistungsinnovation

In der heutigen Dienstleistungsgesellschaft spielen Dienstleistungsinnovationen eine große Rolle. Sie werden von den Kunden noch konkreter wahrgenommen als technische Innovationen, die ja nicht immer sichtbar sind. Die Verbesserung des Leistungspotenzials steht dabei im Mittelpunkt. Industrieunternehmen können dadurch den Service ihre Produktangebote verbessern.

Innovationsbarrieren

stören den Innovationsprozess. Man unterscheidet zwischen internen und externen Barrieren. Für innovative Unternehmen ist es dabei sehr wichtig, Innovationsbarrieren zu erkennen, zu konkretisieren und dann gezielt abzuschaffen. Aus eigener Kraft ist dies sehr schwer möglich, und es ist empfehlenswert, einen externen Innovationsberater zu engagieren. Als neutrale Person wird es ihm auch leichter fallen, Innovationsbarrieren in Teamarbeit mit dem innovativen Unternehmen abzuschaffen.

Innnovationsnetzwerk

Ein Innovationsnetzwerk umfasst extern verschiedene Partner aus Wirtschaft und Wissenschaft. Als internes Innovationsnetzwerk wird die unternehmensinterne Zusammenarbeit von verschiedenen Abteilungen, Standorten oder Geschäftsbereichen in Forschung und Entwicklung bezeichnet.

Pull-Strategie

Bei der Pull-Strategie sind die Marktbedürfnisse der Kunden ein wesentlicher Treiber für die Innovation. Es muss also ein neues

Produkt für einen vorhandenen Markt entwickelt werden. Da sich die Märkte immer schneller wandeln, sind immer mehr Unternehmen gezwungen, die Pull-Strategie umzusetzen.

Push-Strategie

Die Push-Strategie ist angetrieben durch neues Wissen, neue Technologien oder neue Dienstleistungen, für die erst noch ein Markt gefunden oder geschaffen werden muss.

Wissensmanagement

bezeichnet die strategischen, verwaltenden und operativen Aufgaben für den systematischen Umgang mit Wissen. Es gibt einen engen Zusammenhang zwischen Wissens- und Innovationsmanagement. Innovationen können optimal erarbeitet und umgesetzt werden, wenn genügend relevantes Wissen im innovativen Unternehmen und bei seinen Netzwerkpartnern vorhanden ist.

5.2 Premium-Service-Adressen

www.unternehmen-kreativwirtschaft.de
Unternehmensberatung Kreativwirtschaft und kreative Unternehmen

www.investitionszuschusswagniskapital.de
Unterstützung bei der Beantragung der Fördermittel für Investoren und Unternehmen

www.kreativ-sein.org Gesellschaft für Kreativität

www.eadeo.de Unternehmensnachfolge, Innovationen und mehr

www.akademie-der-kreativwirtschaft.de Ausbildung Kreativität

www.copoli.de Mit ihrer Vision über LOS zum ZIEL

www.sfp-mittelstand.de Die Unternehmerbewegung

www.managerverband.de Der Verband für Unternehmer und Manager

www.beraterboerse.kfw.de
KfW Beraterbörse für staatlich gefördertes Gründercoaching inklusiv Innovationsberatung

https://www.beratungsfoerderung.net/portal/beratersuche/
BAFA (Bundesamt für Ausfuhrkontrolle) fördert Unternehmensberatungen und Innovationsberatung

https://www.xing.com/net/pri48fc50x/esci/
Deutschlands größte Gruppe Existenzgründung Kreativwirtschaft

www.bmwi.de Bundeswirtschaftsministerium

Sponsoring für Existenzgründer und Unternehmen:

http://www.amazon.de/Sponsoring-wirkt-Emotional-Nachhaltig-Kostengünstig/dp/3981102495/ref=sr_1_3?ie=UTF8&qid=1366921805&sr=8-3&keywords=andreas+ bod

Kreativwirtschaft für Existenzgründer und Unternehmen:

http://www.amazon.de/Medienmusik-erfolgreich-Kreativwirtschaft-praxis orientierter-professionele/dp/3981102487/ref=sr_1_1?s=books&ie=UTF8&qid=1366921874&sr=1-1&keywords =Medienmusik

Index

Alleinstellungsmerkmal 55
Arbeitsalltag 13
Architekturbüros 52
Bausteine, kreative 31
Bertelsmann 65
Best Practice 64
Bionik 27
Brainstorming 24
Buchhandel 52
Budget 60
class, creative 44
Design-Wirtschaft 53
Einflussfaktoren der Kreativität 11
Elaboration 28
Existenzgründer 66
Fielmann 64
Filmwirtschaft 50
Flexibilität 25
Flüssigkeit 24
Fortschritt, technischer 18
Games 53
Gesamtmarkt 20
Gewinne, nachhaltige 15
Google 64
Handlungsempfehlungen 62
Idee 35, 38
Ideenfindung 40
Ikea 65
Implementierung 61
Improvisation 28
Individualität 56
Innovation 41
Innovation, Design 42
Innovation, Geschäftsmodell- 41
Innovation, Service- 41
Innovation, soziale 42
Innovation, technische 41
Innovationen 19
Innovationen auf Managerebene 62
Innovationen, methodische 62
Innovationen, organisatorische 62
Innovationen, Rahmenbedingungen 19
Innovationen, technische 61
Innovationskiller 14
Internet 54
Journalisten 51
Klasse, kreative 43
Kommunikation 10
Kreativität 21
Kreativität, Anforderungen 42

Kreativität, Einflussfaktoren 11
Kreativwirtschaft 46
Kreativwirtschaft, Branchen 48
Kreativwirtschaft, Learnings 54
Kreativwirtschaft, Zukunft 58
Kulturgüter, Einzelhandel 52
Kundenbindung 57
Kunstausstellungen 52
Künste, darstellende und bildende 51
Kunsthandel 52
Learnings 54
Literatur 51
Marktchancen 9
Marktwachstum 68
Merkmale, psychische 21
Museen 52
Museumsshops 52
Musikfachhandel 52
Musikindustrie 50
Nachrichtenbüros 51
Netzwerkkooperationen 60
Originalität 30
Person, kreative 32
Personal 59
Problemlösungen, kundenorientierte 55
Problemsensitivität 23
Produkt, kreatives 35
Programminnovationen 61
Prozess, kreativer 34
Redefinition 27
Ressourcen, Einsatz 13
Ressourcen, Verfügbarkeit 13
Risiken, Übernahme 18
Rundfunkwirtschaft 51
Software 54
Sponsoring 53
Strategie 59
Umfeld, kreatives 37
Unternehmen, Implementierung 61
Unternehmen, kreatives 69
Unternehmen, kreatives als Zukunftsmodell 5
Unternehmen, Voraussetzungen 59
Unternehmenskultur 59
Unternehmertum, kreatives 9
Zukunftsmodell kreatives Unternehmen 5
Zusammenarbeit, interdisziplinäre 56